珞 珈 博 雅 文 库
通 识 教 材 系 列

中国乡土建筑赏析

（南方篇）

王炎松　著

WUHAN UNIVERSITY PRESS
武汉大学出版社

图书在版编目(CIP)数据

中国乡土建筑赏析.南方篇/王炎松著 .—武汉:武汉大学出版社,
2021.8
珞珈博雅文库.通识教材系列
ISBN 978-7-307-22454-4

Ⅰ.中… Ⅱ.王… Ⅲ.乡村—建筑艺术—中国—高等学校—教材
Ⅳ.TU-862

中国版本图书馆 CIP 数据核字(2021)第 137614 号

责任编辑:任仕元　　　责任校对:李孟潇　　　版式设计:韩闻锦

出版发行:**武汉大学出版社**　　(430072　武昌　珞珈山)
(电子邮箱:cbs22@ whu.edu.cn 网址:www.wdp.com.cn)
印刷:武汉中科兴业印务有限公司
开本:787×1092　1/16　印张:19.5　字数:399 千字　　插页:1
版次:2021 年 8 月第 1 版　　2021 年 8 月第 1 次印刷
ISBN 978-7-307-22454-4　　定价:49.00 元

总　序

　　小而言之，教材是"课本"，是一课之本，是教学内容和教学方法的语言载体；大而言之，教材是国家意志的体现，是高校教学成果和科研成果的重要标志。一流大学要有一流的本科教育，也要有一流的教材体系。新形势下根据国家有关要求，为进一步加强和改进学校教材建设与管理，努力构建一流教材体系，武汉大学成立了教材建设工作领导小组、教材建设工作委员会，设立了教材建设中心，为学校教材建设工作提供了有力保障。一流教材体系要注重教材内容的经典性和时代性，还要注重教材的系列化和立体化。基于这一思路，学校计划按照学科专业教育、通识教育、创业教育等类别规划建设自成系列的教材。通识教育系列教材即是学校大力推动通识教育教学工作的重要成果，其整体隶属于"珞珈博雅文库"，命名为"通识教材系列"。

　　在长期的办学实践和教学文化建设过程中，武汉大学形成了独具特色的融"五观"为一体的本科人才培养思想体系：即"人才培养为本，本科教育是根"的办学观；"以'成人'教育统领成才教育"的育人观；"厚基础、跨学科、鼓励创新和冒尖"的教学观；"激发教师教与学生学双重积极性"的动力观；"以学生发展为中心"的目的观。为深化本科教育改革，打造世界一流本科教育，武汉大学于2015年开展本科教育改革大讨论并形成《武汉大学关于深化本科教育改革的若干意见》《武汉大学关于进一步加强通识教育的实施意见》等文件，对优化通识教育顶层设计、理顺通识课程管理体制、提高通识教育课程质量、加强通识教育保障机制等方面提出明确要求。

　　早在 20 世纪八九十年代，武汉大学就有学者专门研究大学通识教育。进入 21 世纪，武汉大学于 2003 年明确提出"通专结合"，将原培养方案的"公共基础课"改为"通识教育课"，作为全国通识教育改革的先行者率先开创"武大通识 1.0"；2013 年，经过十年的建设，形成通识课程的七大板块共千门课程，是为"武大通识 2.0"；2016 年，在武汉大学本科教育改革大讨论的基础上，学校建立通识教育委员会及其工作组，成立通识教育中心，重启通识教育改革，以"何以成人，何以知天"为核心理念，以《人文社科经典导引》和《自然科学经典导引》两门基础通识必修课为课程主体，同时在通识课程、通识课堂、通识管理和通识文化四大层次全面创新通识教育，从而为在校本科生逾 3 万的综合性大学如何实现通识教育的品质提升和卓越教学探索了一条新的路径，是为"武大通识 3.0"。

　　当前，高校对大学生要有效"增负"，要提升大学生的学业挑战度，合理增加课程难度，拓展课程深度，扩大课程的可选择性，真正把"水课"转变成有深度、有难度、有挑战度的"金课"。那么通识课程如何脱"水"冶"金"？如何建设具有武汉大学特色的通识教育金课？这无疑要求我们必须从课程内容设计、教学方式改革、课程教材资源建设等方面着力。

　　一门好的通识课程应能对学生正确价值观的塑造、健全人格的养成、思维方式的拓展等发挥重要作用，而不应仅仅是传授学科知识点。我们在做课程设计的时候要认真思考"培养什么人、怎样培养人、为谁培养人"这一根本问题，从而切实推进课程思政建设。武汉大学学科门类丰富，教学资源齐全，这为我们跨学科组建教学团队，多维度进行探讨，设计更具前沿性和时代性的课程内容，提供了得天独厚的条件。

　　毋庸讳言，中学教育在高考指挥棒下偏向应试思维，过于看重课程考核成绩，往往忘记了"教书育人"的初心。那么，应如何改变这种现状？答案是：立德树人，脱"水"冶"金"。具体而言，通识教育要注重课程教学的过程管理，增加小班研讨、单元小测验、学习成果展示等鼓励学生投入学习的环节，而不再是单一地只看学生期末成绩。武汉大学的"两大导引"试行"8+8"的大班授课和小班研讨，经过三个学期的实践，取得了很好的成效，深受同学们欢迎。我们发现，小班研讨是一种非常有效的教学方式，能够帮助学生深度阅读、深度思考，增加学生课堂参与度，培养学生独立思考、理性判断、批判性思维和团队合作等多方面的能力。

　　课程教材资源建设是十分重要的。老师们精心编撰的系列教材，精心录制的在线开放课程视频，精心设计的各类题库，精心搜集整理的与课程相关的文献资料，等等，对于学生而言，都是精神大餐之中不可或缺的珍贵元素。在长期的教学实践中，老师们不断更新、完善课程教材资源，并且教会学生获取知识的能力，让学习不只停留于课堂，而是延续到课后，给学生课后的持续思考提供支撑和保障。

　　"武大通识 3.0"运行至今，武汉大学已形成一系列保障机制，鼓励教师更多地投入到通识教育教学中来。学校对通识 3.0 课程设立了准入准出机制，建设期内每年组织一次课程考核工作，严格把控立项课程的建设质量；对两门基础通识课程实施助教制，每学期遴选培训研究生和青年教师担任助教，辅助大班授课、小班研讨环节的开展；对投身通识教育的教师给予最大支持，在"351 人才计划（教学岗位）""教学业绩奖"等评选中专门设立通识教育教师名额，在职称晋升等方面也予以政策倾斜；对课程的课酬实行阶梯制，根据课程等级和教师考核结果发放授课课酬。

武汉大学打造多重通识教育活动，营造全校通识文化氛围。每月举行一期通识教育大讲堂，邀请海内外一流大学从事通识教育顶层设计的领袖性人物、知名教师、知名学者、杰出校友等来校为师生做专题报告；每学期组织一次通识教育研讨会，邀请全校通识课程主讲教师、主要管理人员参加，采取专家讲座与专题讨论相结合的方式，帮助提升教师的通识教育理念；不定期开展博雅沙龙、读书会、午餐会等互动式研讨活动，有针对性地选取主题，邀请专家报告并研讨交流。这些都是珍贵的教学资源，有助于我们多渠道了解通识教育前沿和通识文化真谛，不断提升通识教育的理论素养，进而持续改进通识课程。

武汉大学的校训有一个关键词：弘毅。"弘毅"语出《论语》："士不可以不弘毅，任重而道远。"对于"立德树人"的武大教师，对于"成人成才"的武大学子，对于"博雅弘毅，文明以止"的武大通识教育，皆为"任重而道远"。可以说，我们在通识教育改革道路上所走过的每一步，都将成为"教育强国，文化复兴"强有力的步伐。

"武大通识 3.0"开启以来，我们精心筹备、陆续推出"珞珈博雅文库"大型通识教育丛书，涵盖"通识文化""通识教材""通识课堂"和"通识管理"四大系列。其中的"通识教材系列"已经推出"两大导引"，这次又推出核心和一般通识课程教材十余种，以后还将有更多优秀通识教材面世，使在校同学和其他读者"开卷有益"：拓展视野，启迪思想，融通古今，化成天下。

周叶中

前　言

　　《中国乡土建筑赏析》是武汉大学面向全校在校生的人文类通识课程教材，它以建筑学、历史学、文化学、文化人类学、社会学、民俗学、古文献学、美学的跨学科视角，拓展学生知识面，提高学生审美境界。本书主要是结合我二十多年以来在各地乡村考察的亲身经历积累的认知、感受，慢慢梳理和总结的一些思考，希望通过这本书，以乡土建筑为载体，引导城乡"未来的"设计者们对"乡土"价值的认知回归。

　　岁月就像秋风，吹落如满树叶子一般的过往，真难以一一细数。除了湖北周边的乡村，我面向远处的乡村之旅，是从皖南开始的。1996 年的第一次皖南之旅对我的意义非常之大，在这之前我从未被乡土建筑（古村落）如此触动。因而"中国乡土建筑赏析"这门课便以皖南古村落为开篇案例，更以此向学生们传达我的个人观点：自诩为中国当代大学生和文化人，却没有去探访过皖南古村落，那眼界和修养一定是存在很大缺憾的。之后，乡村考察成为我一直坚持的习惯，不知不觉间这些零散的游历和思考终以今天这本"教材"的形式串联了起来，虽然名为"赏析"，但更多的还是我多年考察后思考所形成的"乡土"价值观。

　　时至今日，普通大学生之中到过皖南或者真正接触过中国乡土世界的，仍然寥寥无几，这是非常遗憾的。目前乡村已很少有中学，更不用提重点高中了，孩子们都在县城里读书，一路求学的历程便是离开乡村、割舍乡土的过程。这些都只是快速城镇化进程中的一个镜头，新时代乡村亟待从城市手中夺回本应等值的乡土价值。

　　课本反映不了世界的丰富，反映不了中国传统文化的丰富和细腻，所以中国传统文化教育中的亲身体验是非常重要的教育内容，我也同样主张体验式的建筑教育。想让学生们打心眼里认同中国乡土建筑的美和价值，首先就要走进它、亲近它，而不是老端着自己远观，或者过度渲染地臆想它。我要做的正是引导年轻人去触摸真实的历史，去触动自己的思考，进而培养真实的感情。试想，如果他自己都没有接触过，如何有感情？如果没有感情，还谈什么认同？我非常反感空洞的说教、鸡汤式的夸张渲染，以及文本背书式的搬弄，却很遗憾现在很多"网红"讲坛就是这样。曾有一位本课程的学生在网上评教时留言："我认同这位老师的课，因为从他讲课的状态就知道他自己对这门课的内容是深信不疑的。"我非常感谢这位学生，如此用心地听这门课。我还希望，学生们能如我一般，有机会有勇气有决心走进乡土，走向田野，走向广阔的真实的世界。

希望这本书能让学生获得"乡土建筑"的两个基本认知——系统性和多样性：一是围绕乡土建筑基本概念的系统性认知，包括村落的元素构成、建筑的不同类型以及建筑的元素构成乃至基本构件，同时认知乡土建筑的整体概念——聚落，对应本书来说就是古村落。因为乡土建筑是不能脱离聚落而存在的，所以我也反复强调，归根结底我们认知的是那个村落的整体，而不是孤零零的某座建筑。二是对不同空间层次(地域、聚落、建筑)中的相似/同类建筑的纵横向比较认知，理解中国乡土建筑的多元脉络。

写这本书的深层次目的是希望能唤起价值认同和审美认同。通过全面评述这些村落和建筑，显示其历史价值、科学价值和艺术价值，唤起价值认同。而对于审美认同，涉及的是建筑的情感价值，这种审美唤起是通过真情实感达到的。虽然书本与现场是"跨时空"的，但仍然希望通过讲授对各地古村落的游历和观察体验，引起这种"仿佛"身临其境的共鸣。这两个方面，一个理性、一个感性，灌输也好，感染也罢，都只为唤起学生的"乡土"认同。也希望在唤起学生们对中国乡土建筑"品类之盛"的观察的同时，能进一步激起他们对"宇宙之大"的思考。

或者，这本书算得上是乡愁教育，但是我并不奢望它能带来多深刻的乡愁教育，激发出多复杂的乡土情怀，只希望这本书能成为学生学习中国乡土文化的启蒙，引发他们进一步思考。我也不愿意说它是在传授什么专业知识，只希望能传递求真的薪火，带动一种认识事物价值的态度。

能够坚持数十年默默无闻地做这样一件事，我感到很欣慰！

目　录

上编　概　述

　　乡土建筑蕴藏着丰富的历史信息和文化景观，体现着各地的建筑艺术、风俗文化和空间形态，反映着建筑与自然环境的和谐关系，是一种人与自然和谐相处的文化体现和空间记忆，其蕴含的传统哲学、美学与自然科学思想仍然值得当代人去学习和研究。

　　只要我们修炼了欣赏的眼光，运用一点探索和发现的精神，那皖南的桃源、苗楼的一角、江西的田园、水乡的码头、山中的幽居，等等，都会越过山水阻隔，从历史的深处向我们走来，不仅展示给我们物质构成的体量、线条、轮廓、层次和色彩质感，还给我们文化记忆和精神境界的启示。

第一章
乡土建筑的基本概念

第一节　乡土建筑的概念

一、乡土建筑

乡土建筑一般指乡土环境中的建筑。保罗·奥立佛在《世界乡土建筑百科全书》中指出了"乡土建筑"的几个特征：本土的、匿名的(即没有建筑师设计的)、自发的、民间的(即非官方的)、传统的、乡村的，等等。①

词语"乡土建筑"(Vernacular Architecture)引自国际古迹遗址理事会(International Council on Monuments and Sites, ICOMOS)第12届全体大会于1999年10月在墨西哥通过的《关于乡土建筑遗产的宪章》②(*Charter on the Built Vernacular Heritage*)。按照该宪章的表述，乡土建筑是社区自己建造房屋的一种传统的和自然的方式，是一个社会文化的基本表现，是社会与它所处地区的关系的基本表现，同时也是世界文化多样性的表现。③

二、乡土建筑识别特征和标准

《关于乡土建筑遗产的宪章》给出了乡土建筑的识别标准：

(1)一个群体共享的建筑方式；

---

① 郑小东. 全球化语境中的新乡土建筑创作[D]. 北京：清华大学，2004：22-23.

② ICOMOS 理事会.《关于乡土建筑遗产的宪章》. 1999.

③ 陈志华，赵巍. 由《关于乡土建筑遗产的宪章》引起的话[J]. 时代建筑，2000(3)：20-24.

（2）一种和环境相呼应的可识别的地方或地区特色；

（3）风格、形式与外观的连贯性，或者对传统建筑类型的使用之间的统一；

（4）通过非正式途径传承的设计与建造传统工艺；

（5）因地制宜，对功能和社会的限制所做出的有效反应；

（6）对传统建造系统与工艺的有效应用。

三、民居

一般而言，乡土建筑与传统民居的概念范畴相同，指的是同一个事物。《中国大百科全书》将民居定义为"宫殿、官署以外的居住建筑"。当今中国建筑界的大多数专家和学者都不同意将民居的概念仅局限于住宅，而是认为它的内涵应该扩大到城镇和村落中与生活相关的各类建筑，甚至是聚落本身。大体而言，"民居"被界定为非官方的、非专家现象的限于日常生活领域的人类居住空间和环境。民居这个术语在建筑学里使用得非常多，对它的理解却又很少达成共识和统一。从历史上看，民居常常被作为和"建筑"相对的概念而存在："建筑"是"伟大的""精致的""纪念性的""大师杰作的"，是营造的艺术与科学，且隐含着由特定价值观所支配的美学品位。而民居则被排除在所谓的艺术网络之外，通常被定义为"本土的""自发的"、由本地居民参与的适应自然环境和基本功能的营造。①

四、聚落

聚落是具有一定规模的人类聚居场所，如村落、集镇和城市居民点等。《史记·五帝本纪》载："一年而所居成聚，二年成邑，三年成都。"城市规划就是经营聚落。我国最早的聚落是陕西临潼姜寨仰韶村遗址，其特点是房屋有规律地组织在一起。②

乡土建筑存在于聚落之中，聚落是不可分割的乡土建筑整合体。一般而言，聚落和村落的概念范畴也相同，指同一个事物。

五、中国传统村落

中国传统村落即"古村落"。所谓古村落，是指民国以前建村，保留了较好的历史沿革，即建筑环境、建筑风貌、村落选址未有较大变动，保存着丰富的物质与非物质文化遗

---

① 王炎松. 阳新民居[M]. 武汉：湖北人民出版社，2008：3.

② 李秋香. 村落[M]. 北京：三联书店，2008：4-5.

产，有独特民俗民风，虽经历久远，人们仍聚族而居的村落。作为完整的生活单元，它们由于历史发展中偶然兴衰因素的影响，至今空间结构保持完整，留有众多传统建筑遗迹，包含了丰富的传统生活方式，成为新型的活文物①。所以，传统村落是历史遗存，却不是遗址，是农村乡土文化的活文物，是中国农耕文明留下的最大遗产。

我国从 2012 年开始实施中国传统村落保护工程，截至 2018 年 12 月已有 6 799 座村落被列入《中国传统村落名录》。

第二节　乡土建筑的类型

一、乡土建筑功能类型②

部分学者将乡土建筑按照功能分为居住建筑、宗法建筑、交通类建筑以及社会公益建筑四大类。按其功能细分，则又可分为如下八种类型：

（1）防卫建筑——有村（寨）门、村墙、寨楼等，是村落预防外来各种侵害的专用建筑；

（2）坛庙建筑——又称祭祀建筑，有宗祠、山神庙、土地庙等，是村落祭祀祖先、先贤或民间信仰自然神的场所；

（3）交通建筑——有桥、休息亭（路亭）、驿站等，是解决村落内外交通联系的建筑；

（4）文教建筑——有私塾、书屋、书院等，是供村中学子求学或举行文教活动的场所；

（5）宗教建筑——有道观、佛寺等，是大型村落中举行宗教活动的场所；

（6）景观建筑——有楼、阁、塔等，是村落中除房屋建筑以外的供观赏休憩的各种构筑物；

（7）商业建筑——有会馆、当铺、药店等，是村落中专门用于商业经营活动的场所；

（8）居住建筑——是普通百姓居住之所。

二、乡土建筑空间类型与地域类型

我国幅员辽阔，地形和气候条件复杂，地理环境差异很大，乡土建筑也呈现出各式不同的布局和形态类型。

---

① 俞剑勤. 古村落保护的要素和核心［J］. 中国文物科学研究，2016（3）：24-28+43.

② 陈志华. 中国乡土建筑初探［M］. 北京：清华大学出版社，2012：17-19.

根据空间形成和划分方式以及使用者的生活方式，目前全国传统民居类型大体上分为"院落式民居""穴居式民居"和"楼居式民居"三种。

(1)院落式民居是由多个室内空间的居室面向中心组合，中间围成室外空间的中庭(院)的民居类型，主要的形式有北方四合院和南方天井院落民居、福建土楼等。

(2)穴居式民居，又称窑洞，因挖地为穴(窑)或挖崖成穴(窑)作为居住空间而得名，分为地坑窑、沿崖窑、锢窑三种，主要分布在黄土高原地区。

(3)楼居式民居是指建筑通过木架叠屋，空间向上发展，形成以楼层房间为主要居住和活动空间的民居类型，以分布在西南少数民族地区的干栏式民居为典型。

若按照省级区域和各少数民族区域对中国传统民居分类，则有北京四合院、西北黄土高原的窑洞、安徽古民居、福建广东等地的客家土楼碉楼和围龙屋、藏族羌族的碉房、维吾尔族阿以旺民居、蒙古族毡包民居、晋中皖南商人住宅、江南水乡民居、土家苗家侗家吊脚楼、傣家竹楼、白族民居、纳西族民居等众多民居类别。

第二章
如何认知和欣赏乡土建筑

第一节　乡土聚落的功能分区认知

聚落是乡土建筑的整体，它包含了居住者生活起居的全部，构建起整体的世界秩序和社会关系。中国传统的村落(以下简称"传统村落")都有完整的生态系统和生活功能体系，也是一个完整空间和风貌的构成，一般包含山水神灵区、精神祭祀区、世俗活动区、家庭居住区和生产活动区五大功能区。

一、山水神灵区

传统村落依托所在的特定的地理环境，一般选址在山环水抱之间。人们出于安全的考虑，祈祷避免山崩水患和外界侵害，希望获得长久的安居，不仅在现实中尊重自然、保护自然，而且在精神上赋予村落周围的山体水体以神圣的力量和意义，有的设置神庙，有的设置禁忌，有的命名以神灵名称，以表达对自然的敬畏之心，从中获得心理慰藉。

村落周围由山体水体构成的区域，即山水神灵区，不仅是村民生存生活的生态环境构成，也是他们精神寄托的一部分。

二、精神祭祀区

传统村落大多以同姓血缘关系建立，他们通过宗族宗法系统维系社会关系。在村落的重要地段布局和建设象征宗法关系的祠堂建筑，通过举行祭祀祖先活动表达对祖先和先贤的崇拜，用来统一村落居民的情感和思想。

村落中的各类祠堂(宗祠、支祠和家祠)和坛庙、社庙及其周围的区域(包括祭祀山水神灵的神庙)，即精神祭祀区，是村落精神寄托和礼制宣教的核心场所。

三、世俗活动区

传统村落以自给自足的农耕文明为基础，内部空间比较封闭，相对缺少自由交往的开放空间。但随着社会的发展，商贸活动慢慢变得活跃，逐渐催生出了适于商业交往和农副产品交换的开放场所，加上围绕村门、水井、池塘的公共活动空间，共同形成了村落的世俗活动区域。

四、家庭居住区

传统村落主体部分是各家各户的住房。这些建筑多以家庭为基本单元，独立成屋，它们呈组团组合和分布，在大型村落中又按照家族分支的组团用门券分隔，成为各自封闭的单元。各家居住的单元房屋的内部布局和外部形象保持大体一致。在一些村落中还存在着某一大户人家将多幢单元房屋并列组合形成的大屋。

五、生产活动区

传统村落依赖其所在的土地资源为基本生存条件，其生产活动以耕作为主，因此村落周围的农田是生产活动区域，也是村落生态功能结构不可缺少的重要组成部分。许多村落根据自身条件，在农耕之外，还发展出各种手工业作坊以及供渔猎牧业的场所，这些也属于村落的生产活动区。

另外，传统村落还有其他一些功能空间，比如交通空间、防卫空间、仓储空间等。有的所占位置不大，有的与以上五大分区存在重叠，此处不再一一列举。

第二节　乡土建筑的特征要素认知

认知乡土建筑的特征，需从功能类型、平面布局、立面造型、建筑结构、装饰构件、匾额陈设、人文故事等方面入手。

一、功能类型

功能类型指乡土建筑的具体使用功能。除了有单纯的住宅外，还有与生产生活相关的功能建筑，如寺庙、祠堂、书院、戏台、酒楼、商铺、作坊等。不同功能的建筑有不同的规模、布局和形象。比如村落中一般祠堂规模最大，形象最突出；普通民居则规模适中、形象相似；路亭建筑规模小巧，形象通透。

二、平面布局

平面布局指乡土建筑的空间组合方式及内部房间的布置和分配。这是乡土建筑最重要的特征，深刻反映了居住者所在时代的礼制秩序、家庭社会关系以及地方生活习俗。比如汉族地区的民居，平面中房间组合讲究中轴对称，具体房屋分配中，主次分明、尊卑有序。

三、立面造型

立面造型指乡土建筑的外部形象，主要包括建筑的正立面和侧立面，它既是建筑内部布局和构成方式的外在反映，也结合不同地区的建筑材料和审美风尚，被赋予了许多艺术的追求，形成了丰富多元的风格。比如，北京四合院的青砖灰瓦、徽州民居的黑瓦白墙、西南少数民族民居的黑瓦木壁吊脚楼、福建的圆形土楼，等等。

四、建筑结构

无论哪种乡土建筑，其内部的使用空间，都是通过使用特定材料，运用特定技术，建造起支撑结构来获得的。所以，结构是乡土建筑的骨架和核心要素，也是认知乡土建筑地域特征和建造技术水平的重要因素。

五、装饰构件

装饰构件指分布于建筑内外的木雕、砖雕、石雕和灰塑、彩绘等表现艺术美感的构件，分别在屋顶、梁柱、门窗、墙体等部位，是建筑不可或缺的组成部分。它们一般不是纯粹的装饰构件，而是从实用构件演化出的装饰功能，且不能像普通装饰物一样随意移动。比如柱础，是在柱子与地面的接触部分设置的构件，一般为石质，起到防潮和加强地基承载力的作用。但是，人们往往在柱础上精雕细琢，极尽艺术表达，使它同时又起到了重要的装饰作用。

六、匾额陈设

匾额陈设指位于门上或者檐下、屏风墙上的有题字的牌子，多为横牌，以石质和木质为主。一般来说，"匾"表达经义和感情，"额"表达建筑物的名称和性质。匾额还包括固定于柱上的楹联，它们集书法、雕刻、文学于一身，被赋予丰富的文学艺术形式，就像建筑的门脸和眼睛，是乡土建筑中具有鲜明中国文化特色的组成部分。乡土建筑中比较常见的匾额，有姓氏堂号匾和功名表彰及祝寿的匾等。

其他陈设包括室内的神龛、桌椅、床榻和书法、绘画挂件等，都是主人生活习惯和身份地位的体现，位置相对固定，不可以随意移动。

七、人文故事

人文故事指建筑的历史背景和人物事件。许多建筑，因为其主人的身份背景和故事事件，而拥有了丰富的内涵，比如名人故里和官宦人家等。我们可以将人物与建筑的细节特点结合起来，更生动地了解建筑所在时代的历史背景和社会文化。有的建筑还保留了建造工匠的信息，为我们进一步了解建筑的营造工艺，深度赏析建筑艺术提供了宝贵的资料。

第三节　乡土建筑的审美与价值

一、乡土建筑的审美对象

乡土建筑的审美对象指乡土聚落中的各种建筑类型和形态，还包括由乡土建筑组合形成的社会、文化、生活的聚落空间整体。

二、乡土建筑的审美价值

乡土建筑本身蕴含的价值，包括使用价值、认识价值、审美价值、情感价值、启发智慧价值等，可以对应于历史文化遗产的科学价值、历史价值和艺术价值。

其中的审美价值，是在将乡土建筑作为审美对象，给人美感、唤起人的审美感受的属性。它包括乡土建筑按照形式美的规律创造出的形态美和风貌美，还有其中蕴含的文化和精神美，也包括与之相关的绘画、雕刻、文学等文艺作品。

中国乡土聚落和乡土建筑不仅是前人物质生活的载体，还是人们对艺术的表达和追求，是人们精神审美的寄托。

中国乡土聚落和乡土建筑还是反映古人思想观念和礼制制度的空间场所。中国传统的居住已经被打造成为一个天、地、人结合的和谐体系，是由生活、行为、文化、审美结合成的诗意栖居。

通过欣赏中国乡土建筑，可以了解乡土聚落和乡土建筑田野调查的基本内容，培养对乡土建筑的兴趣；可以初步建立正确的乡土建筑概念，开阔眼界，陶冶情操。

通过欣赏中国乡土建筑，可以激发对中国传统文化和艺术的热爱与认同，培养对社会、民族、历史应有的责任感。

第四节　乡土建筑的形式美

乡土建筑的基本形式包括乡土聚落整体的形态意象和乡土建筑个体风格各异的单体形式。

一、乡土聚落的环境与形态

首先是大的环境选择，即择址，要求趋利避害，如水土鲜美，草木葱茏，山可避风而不崩塌，水能畅通而不泛滥。在风水学里有许多则给予更多精神上的寓意，比如山形水形要好，所谓"山厚人肥，山瘦人饥"等，前有朝山如屏障，后倚来龙山，两旁有青龙白虎（主要指山形）拱卫，还有形为狮象、龟蛇的山把守水口、河流，溪水似玉带环绕。

然后要根据实际地形，设法将聚落整体布局与聚落周边的大环境相契合，同时内部形成有机的布局和肌理，使村落获得天地环境照应，彼此相通构成循环。如村落主要朝向、主要建筑的位置、水口的设计和村落内部的街巷格局等，甚至到聚落整体形象的象形，如古徽州的"牛形村"宏村和"船形村"西递，又如四明山柿林村状如"螃蟹"。

二、乡土建筑的风格与形式

乡土建筑的风格与形式，是指各地乡土建筑依据自身的地理环境和经济技术水平以及文化习俗，形成的不同的地域风格特征和技术、艺术表达。如徽州地区的黑瓦白墙、福建地区的圆形土楼、西南地区的木壁吊楼、江南水乡地区的枕河人家等。

同时，还表现在建筑尊重自然、就地取材、融于环境，无论形体、空间还是色彩，都符合比例、尺度、对比、虚实、节奏等形式美的章法；建筑组合遵循和谐、多样统一的形式美规律。

第五节　乡土建筑的意境美

一、诗情

乡土聚落和乡土建筑承载了中国人对理想栖居的美好情感追求，被赋予了如诗歌那样给人美感的意境。它的主要特征，首先是给人美感，其次是代表了理想的生活，最后是寄托了美好的情感。这种诗意的产生，离不开移情的作用，通过移情，客观事物承载了主观情感的投射。反过来，被感染了的事物又可以衬托主观情绪，使物人一体，能够更好地表达人的强烈感情。同理，中国传统文化的故乡情结、山水情怀、归隐思想等，投射到传统村落和乡土建筑中，使之成为中国传统文化与情感的符号，并在其中得到不断强化和美化，达到思想感情的共鸣和身心的愉悦。这就是移情的作用。

中国历代的诗歌，都少不了对乡土聚落和乡土建筑的咏颂，如：

侬家家住两湖东，十二珠帘夕照红。今日忽从江上望，始知家在画图中。

——清·郭六芳《舟还长沙》

远上寒山石径斜，白云生处有人家。停车坐爱枫林晚，霜叶红于二月花。

——唐·杜牧《山行》

樵夫与耕者，出入画屏中。

——唐·李白《题宝圌山》

朱雀桥边野草花，乌衣巷口夕阳斜。旧时王谢堂前燕，飞入寻常百姓家。

——唐·刘禹锡《乌衣巷》

山重水复疑无路，柳暗花明又一村。

——宋·陆游《游山西村》

枯藤老树昏鸦，小桥流水人家，古道西风瘦马。夕阳西下，断肠人在天涯。

——元·马致远《天净沙·秋思》

千里莺啼绿映红，水村山郭酒旗风。南朝四百八十寺，多少楼台烟雨中。

——唐·杜牧《江南春》

小楼一夜听春雨，深巷明朝卖杏花。

——宋·陆游《临安春雨初霁》

应怜屐齿印苍苔，小扣柴扉久不开。春色满园关不住，一枝红杏出墙来。

——宋·叶绍翁《游园不值》

谁家玉笛暗飞声，散入春风满洛城。此夜曲中闻折柳，何人不起故园情？

——唐·李白《春夜洛城闻笛》

但使主人能醉客，不知何处是他乡。

——唐·李白《客中行》

秋风起兮木叶飞，吴江水兮鲈正肥。三千里兮家未归，恨难禁兮仰天悲。

——西晋·张翰《思吴江歌》

君到姑苏见，人家尽枕河。古宫闲地少，水港小桥多。

——唐·杜荀鹤《送人游吴》

人人尽说江南好，游人只合江南老。春水碧于天，画船听雨眠。垆边人似月，皓腕凝霜雪。未老莫还乡，还乡须断肠。

——唐·韦庄《菩萨蛮·人人尽说江南好》

误落尘网中，一去十三年。羁鸟恋旧林，池鱼思故渊。开荒南野际，守拙归园田。方宅十余亩，草屋八九间。榆柳荫后檐，桃李罗堂前。暧暧远人村，依依墟里烟。狗吠深巷中，鸡鸣桑树颠。户庭无尘杂，虚室有余闲。久在樊笼里，复得返自然。

——东晋·陶渊明《归田园居（其一）》

江南好，风景旧曾谙；日出江花红胜火，春来江水绿如蓝。能不忆江南？
江南忆，最忆是杭州；山寺月中寻桂子，郡亭枕上看潮头。何日更重游？
江南忆，其次忆吴宫；吴酒一杯青竹叶，吴娃双舞醉芙蓉。早晚复相逢！

——唐·白居易《忆江南》

暮春三月，江南草长，杂花生树，群莺乱飞。

——南朝梁·丘迟《与陈伯之书》

二、画意

中国乡土建筑的山水构图、形态轮廓、组合构成、质感色彩、画意元素等，都非常具有中国古代的绘画艺术中计白当黑、空灵、冲淡、悠远、开合、朴野、素雅等美学意境的基本意蕴和特征。

(一) 乡土建筑的山水画内容

中国传统山水画所表现的是人与自然的关系以及人对自然的感悟和体认,将人与自然融为一体。中国传统的村落和乡土建筑就是一个个将人与自然融为一体的实体案例。古代山水画中处处都有乡土建筑,现实中的中国传统村落和乡土建筑都是一幅幅山水古画。

(二) 乡土建筑的山水画构图

中国传统村落和乡土建筑的分布和格局有宾主、呼应、远近、虚实、疏密、聚散、开合、藏露、均衡、黑白、大小等关系。讲的既有传统村落在山水中的选址分布,也有村落和乡土建筑自身形态的形体和界面组合,其韵律和节奏,均符合山水画形式美的章法。

(三) 乡土建筑山水画意的构成要素

1. 自然环境

山水形态:村落借助自然之势,或嵌入山水,或融入田园,本身不显山露水;
人工处理:村落表现自然朴素,要么土木石,要么黑白单色,建筑环境浑然一体。

2. 村落建筑

组合轮廓:建筑体量适宜,有序组合,要么悬山出檐,要么硬山叠墙,形态各异;
建筑形象:建筑色彩淡雅,协调搭配,要么白墙黑瓦,要么石墙木架,尽显韵律。

3. 人文背景

历史底蕴:每处古村,每处古建筑,都是天地人的契合,都是几代人的耕耘、积累、生活的场所,传递着历史的信息;
文化品质:建筑里里外外体现出古代社会的礼制观念以及主人的生活方式、文化修养、情感和审美水平,彰显出人物的品格和气质。

下编　实例赏析

让我们共同去寻找和品读水墨画意境的建筑，
去探访那一份久违的沧桑高远和古朴沉郁的风度，
去领略山林间居住的水墨诗意和浪漫脱俗的情怀。

让我们细心地从视觉、听觉、嗅觉、触觉和味觉五感去体认中国乡土建筑，
把握一个立体的中国乡土世界。

第三章
皖南古村落：徽商故里，天井豪宅

1996 年，我初次踏上皖南徽州的土地，之后又十三次造访，喜欢皖南、宣传皖南成了我很长一段时间生活和学习的主题，也开启了我对乡土建筑世界的欣赏和探索之旅。

第一节　地理与文化背景——黄山白岳之间的徽商故里

写中国乡土建筑(古村落和民居)，绕不开徽州古村落和徽派民居，它们是中国明清时代成就最高的乡土建筑之一，而且绝对是"乡愁"的重要指示物。其他还有如"江南水乡""北方合院""陕北窑洞""西南吊脚楼""福建土楼"等。

徽州自宋宣和三年(公元 1121 年)由歙州改名而来，治所在歙县。明清时徽商(六县商人)称雄中国商界 500 余年，有"无徽不成镇""徽商遍天下"之说。徽文化也成为中外学者重点研究的中华三大地域文化之一。

从大的区域看，历史上的徽州在相当长的时间是属于江南的。徽州是浙江省早期雏形浙江西道的一部分，元明清时期隶属江南行省(明为南直隶省)，康熙六年，江南左承宣布政使司改为安徽布政使司(取安庆、徽州二府之名)，安徽省成立。徽州长期是江南的一部分，它的文化接近江浙，是很正常的。

从整体风格上看，徽州民居显得殷实和精巧，有点儒雅，更有点莫测高深。我们今天能见到的，已经是经过多次历史劫难之后的残像了，精致的部分虽被一次一次淘洗磨平，但我们依然能被它的细腻和讲究所折服。

徽州是传统聚落和民居的重要地区，它号称东南邹鲁。一个个风水古村落，一座座徽派建筑，作为徽商的故里，使这个并非平原富庶之地的皖南山区，成为吸引世人归去的"桃花源里人家"。

　　　　　苍苍黄山下，涓涓新安水。

　　　　　黑白古村画，封闭天井中。

　　皖南古村落是指安徽省长江以南山区地域范围内具有共同地域文化背景和地形特征的传统古村落。皖南地区历史悠久，文化积淀深厚，保留着大量形态相近、特色鲜明的传统古村落及其民居建筑。它们主要分布在古徽州地区，包括歙县、休宁、婺源、祁门、黟县、绩溪六县(见图3.1)。这里山多地少，人口密集，农耕无以为生，出门经商乃生活所迫。徽商后来逐渐在外发展壮大，但仍回故里经营村落和建筑，形成规模庞大、布局紧凑、建筑精良的村落。徽商是中国历史上著名的商帮，明清时期达到鼎盛，繁五百余年，形成了重要的地域文化，也深刻影响到村落和建筑。皖南古村落如今的风貌，主要是在明清时期形成的。

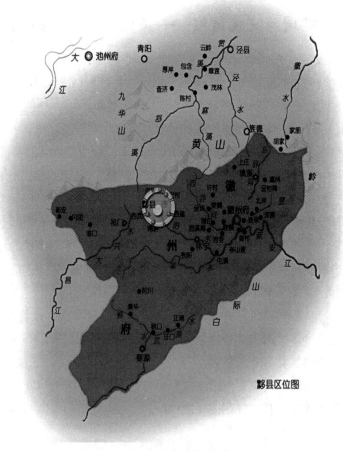

图3.1　古徽州范围图

黟县古村落因为交通偏僻，保存完整，是它们中的优秀代表。南唐诗人许坚有诗："黟县小桃源，烟霞百里间。地多灵草木，人尚古衣冠。"这说明那时黟县就是一块桃花源一样的净土，吟诵这首诗，不由得令人向往那千年前的情景。而实际上，千年之后的徽州至今还是一块干净、安静、清净的土壤，虽然我们只能看见明清以后的情景，甚至不能再想象那更古老一点的诗情画意——都是拜清一色的黑瓦白墙的马头墙式建筑所赐。

古老的黟县(见图3.2)位于著名的黄山白岳间，黟县始建于公元前221年。在秦汉时期，古黟县辖地广袤，包括现安徽省休宁县、祁门县、石台县及现江西省婺源县。现为面积847平方公里、人口仅十万的小县。黟县境内的西递、宏村等皖南古村落中最具有代表性的古村落，是皖南地域文化的典型代表，也是中国封建社会后期文化的典型代表——徽州文化的载体。

皖南古村落，从某种意义上说当然是徽商古村落，但也是中国传统村落的典型代表，它们所承载的徽州文化是一个地域的整体，也是一个时代的全部，因为思想统一，理念执着，营造精细，成为中国古代人居环境的杰出范例。

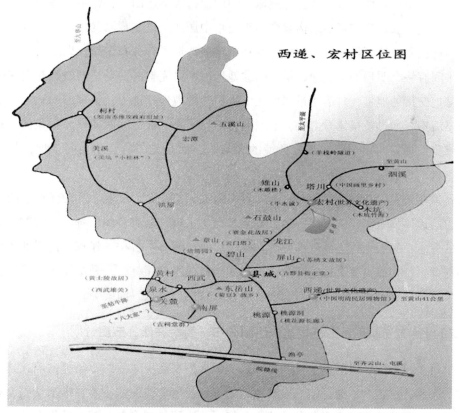

图3.2　黟县地图

中国传统乡土社会中，从来都是农商并举，皖南古村落固然是其中商业发达的极端类型，但它的经营成果也反映了中国传统人居理想的模式。说它们的成就是因为地灵人杰，还不如说是彻底和坚决地贯彻执行"因商兴村"思想的结果。

第二节　聚落特点——黄山脚下蕴秀美

一、基本特点概述

（一）村落选址分布：山地丘陵，山脚溪畔，讲究风水，水口优美

徽州的村子，坐落山区，普通的农耕不能支撑太多人口，但是经济实力雄厚的徽商保证了村落的规模。但凡有条件的徽商聚落，一般选择山脚田边，形成这种山田之间的介质村落格局。它们很好地利用了这种过渡地段的地形，既不居山上，也不守在田中。规模一般较大，人气一般较旺，聚落结构紧密，讲究集中居住，讲究藏风聚气。

皖南地区属山地丘陵地带，古村落就利用这一地形进行分布组织。以黟县为例，四周环山，中间有一个明显的小盆地，是徽州盆地地形中最完整的。发达的徽州村落多选址在山脚与盆地交接的地带，村落尽量选址在山脚田边的坡地基址上，整理出的地形一般稍有高差，溪流穿村而过。整体看上去，徽州的村落，不是一般三间两间草屋形象的山村，也不似江南集镇那样的完全形成人工环境的大聚落，而是紧紧契合于山间平地，与山水相依。每座村落都会演绎一场空间的故事。

徽州村落讲究"水口"（指水流的入口和出口），常常设计和营造出具有画意的水口景观。上游的边界称上水口，下游的边界称下水口。水口一般有亭阁、牌坊、桥梁，成为村落入口的标志，勾勒出村落的外部轮廓。且多有水口园林，古桥、建筑、古树和溪流的前景、山的背景，构成富有个性的图画。村落能够做成水口园林，一是依靠经济实力，一是依据艺术品位。这方面的例子，有南屏、唐模、棠樾、呈坎、渔梁等。

（二）村落布局肌理：围绕祠堂，组团分布，街巷井然，节奏分明

这里每个村落的居民基本上是同祖同宗，但人们在建房时依然不与邻共墙，这就形成了狭窄的小巷，仅容一人通行的一人巷也到处可见。弯弯曲曲的小巷，纵横交错，相互连通，把徽州的村落编织成形形色色的迷宫。但无论房屋排列多么紧密，总是有节点顿挫和变化的，这样就出现了很多趣味。

宗法分明、密集居住、房屋高耸，造成了这种狭窄的街巷尺度和幽深的空间偶尔的开合。因此，可以说它的空间感是介于江南闾里和山村之间的类型。我们如果比较徽州古村落和江西抚州古村落，会发现徽州因为分布密集，空间高耸紧凑，色彩追求黑白，似乎更加贴近江南文化秀雅之风。而江西抚州古村落则相对舒朗和质朴一些。如果比较徽州古村落和浙江明州（今宁波）古村落，则前者世俗人居之气浓，后者山水和空间更加大开大合，有仙气而欠缺于地气，是仙居是隐居，不过人情味世俗气就稍显不够。

二、案例赏析

（一）宏村

宏村位于安徽省黟县东北部，是皖南古村落的典型代表之一。2000 年，宏村被联合国教科文组织列入了世界文化遗产名录，是我国首批 12 个历史文化名村之一。宏村选址在雷岗山下，因历史上村落多次失火，加之本族姓汪，他们刻意引入泉水布局村落，仿照牛形——外有南湖，内有月沼，远山近水，山水之间配以黑白素色，高低规模近似的建筑，自然与人工二者浑然不辨。它被誉为中国画中的乡村，而据我的观感，它只是一个中国南方古村落与山水环境和谐构成的代表。

和江西抚州的平原岗地型古村落比较，这里的村落是典型山地丘陵型，它们背山守田，山水的轮廓和尺度在形象上占有更大的比例。同时，它们的规模普遍更大，里巷纵横，也没有村门村墙。

1. 宏村南湖

清代王元瑞《黟山竹枝词》：
南湖一水浸玻璃，十里钟声柳外堤。
绝妙楼台西递起，月光梅影画东溪。（见图 3.3、图 3.4）

2. 宏村月沼

村落环抱着如月的池沼，色彩、韵律均和着自然的规律，融为一体。月沼的水通过水圳涓涓流向村外。水脉就是血脉，象征血缘村落的宗法血缘关系，紧紧相连，生生不息。月沼应该是心脏。水塘，对于宏村的格局，是至关重要的，无论实用功能还是精神意象。（见图 3.5）

图 3.3　宏村南湖(一)

图 3.4　宏村南湖(二)

图 3.5　宏村月沼

3. 宏村雷岗山

据说这是村里早期的建筑。宏村最早的村落布局并不在水边，而是从山上建屋逐渐迁到水边筑屋，它后来的发展的确得益于月沼和南湖的开挖。(见图 3.6、图 3.7)

图 3.6　宏村雷岗山(一)

图 3.7 宏村雷岗山(二)

(二)南屏村

南屏村位于黟县西南部，也是皖南古村落的典型代表之一，已被列为全国重点文物保护单位和第四批中国历史文化名村。(见图 3.8)

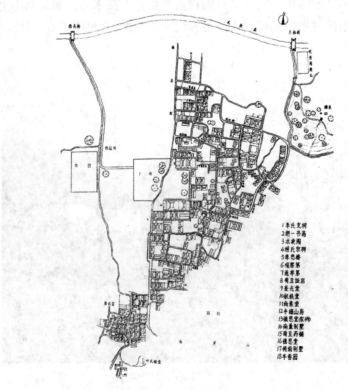

图 3.8 南屏村总平面

1. 村落远眺

村落南面是山，北面是河水，这种选址稍稍有些尴尬。于是南屏村把主要的方向朝向西边，以西边属金而附会"开门纳金"——特别是那一条祠堂街，串起几座坐东朝西的祠堂，成为村落的典型界面。(见图 3.9、图 3.10)

图 3.9 南屏远眺

图 3.10 南屏民居远眺

　　"山—村—田"是其介质环境的布局特点。山岭重叠，田野开阔，它四周环境的容量与村落的建设规模是匹配的。后面的山型，展示鲜明的来龙形象。画面两端的古树，正好是村落的东西端点，也是其上下水口的所在。

　　远远看去，村落建筑比例比较小，若隐若现，如白线一般游动在山水田野之间，只有墙面的白色，提示它们的形象——明秀山水，碧绿田野，黑白的屋舍——一切都鲜明，一切都纯粹。我们常说，远山如黛，其实安在这里，山还是青山，建筑才是"粉墙黛瓦"——色彩对比鲜明，但体量小巧的屋舍，在这里，当真是要做主角吗？

　　2. 南屏下水口

　　这里是过去的村口，后来经过了恢复。2010年春节，我在村中过节，正好捕捉到这个镜头。那就是外部+人+村的景象。你要去欣赏一座村落，由远及近，都有这样一个层次，界面徐徐展开，古道、古树林、古桥、古庙、河道、村落元素渐次跃入，绝不是把车子直接开进村里那么一种粗暴简单的方式。（见图3.11）

图3.11　南屏下水口

　　弯弯的桥——弯弯的彩虹——弯弯的河水——弯弯的牛角。那一天走到这里，我在桥下躲雨，刚好拍到远处的彩虹。（见图3.12）

　　3. 南屏万松桥

　　万松桥在村落下水口，原来还有雷祖殿、观音阁。后面是万松林。水口在徽州村落建设中是一项重要设施。受传统风水"水为财源"观念的影响，寄命于商的徽州人尤其重视村落的"水口"，建构了一些独具特色的水口园林。水口是村落的总体布局的重要节点，是一村"藏风聚气"的关口，成为每个村落标志性的门户，每个村落空间序列的起点，昭示着村落空间和场所的完整。（见图 3.13）

图 3.12　南屏万松桥（一）

图 3.13　南屏万松桥（二）

4. 南屏上叶街

上叶街是南屏村西南角一个比较独立的组团，供奉慎思堂家祠，又称上叶十六家。这个组图布局紧凑，秩序中显现变化与节奏。这里是我去南屏村留住和盘桓时间最多的地方。街巷的高宽比大于 2∶1，在其中行走如穿峡谷。但是我愿意在这里停留，这里显然是十分聚气和很有辨识度的地方。（见图 3.14、图 3.15）

图 3.14　南屏上叶街（一）　　　　　　　图 3.15　南屏上叶街（二）

徽州的古村落规模一般都比较大，其一是紧密社会结构，共同安全的考虑所致；其二是风水聚气的要求，内部布局非常紧凑，各家寸土必占，建筑之间间距很小。从外部看去，村落是一致对外的堡垒，内部则是曲径通幽、高墙深院。

其中，祠堂扮演着重要的角色。首先是祠堂的位置一般处于组图甚至村落的中心，宗祠、支祠、家祠，各房各派，围绕祠堂，组织非常分明，串联起村落的社会秩序。祠堂建筑本身规模和工艺质量一般都超越其他民居，成为村落中的"大块头"，祠堂前面或者有场院，或者有街道，通达性好，积聚人流，是村落重要的公共空间节点。

错综复杂而封闭的巷道产生了迷宫般的效果。巷道也是理气的重要手段，说是要让气在村内多停留，其实是让气来连接大家的生命，构成活的循环体验。按今天科学的说法是形成内部小气候。有的巷子尺度更窄，两侧的墙上部开窗，这种巷子白天你还可以通过外表一些细节识别它的位置。但是到了晚上，因为完全没有光线，很容易就会迷路。

（三）西递村

西递村位于黟县南部，是皖南古村落的典型代表之一。2000 年，西递被联合国教科文组织列入了世界文化遗产名录，是我国首批 12 个历史文化名村之一。

因村边有水西流，又因古有递送邮件的驿站，据明嘉靖《新安氏族志》载：西递村因"罗峰文其前，阳尖障其后，石狮盘其北，天马霭其南。中存二水环绕，不之东而之西，故名西递"。西递在历史上就素有"桃花源里人家"之称。

1. 西递俯瞰

这张西递俯瞰照片是冬天拍摄的，较好地反映了中国南方聚落的布局特点，密集居住，建筑封闭，风格均齐。（见图 3.16）

图 3.16　西递俯瞰

2. 西递村口牌坊

牌坊是西递水口的标志，具有教化的功能。据说这里以前有十一座牌坊，历经劫难只剩下这一座，是作为反面教材保留的。

有人因为这里都是徽商退休之后建造和居住的豪宅，脱离了农耕生产，称它们是徽商豪宅群和别墅群。这样说并不准确，它们仍然是徽州古村落——因为只有村落才是具有完整意义的单一功能载体，加上绝大多数是血缘纽带的宗法社会关系维持的村落社会结构，村落才是它们完整价值的体现，甚至是共同文化圈下面的村落群。所以，只注重某种单体建筑，显然是不够的。（见图 3.17、图 3.18）

图 3.17　西递水口牌坊(一)

图 3.18　西递水口牌坊(二)

(四) 其他村落

阳产村：歙县阳产村现存土楼 367 栋，已有 380 年历史。（见图 3.19、图 3.20）

图 3.19　歙县阳产村

图 3.20　歙县阳产村人家

　　石潭村：歙县石潭村是旌德、歙县徽商从水路经新安江往杭州的重要通道。石潭村中民宅抱华源河而筑，依后山而居，以天然的河流为脉、交错的街巷为络，以小巧自由布局的徽州建筑院落为肌，村中有古祠堂、古水口、古庙、古桥、古埠头等。（图3.21、图3.22）

图3.21　歙县石潭村

图3.22　歙县石潭村一景

　　北岸村：地处歙南的古村北岸，既有赏心悦目的自然风光，又有雄厚的徽文化底蕴，村庄到处呈现粉墙黛瓦的徽派建筑风格，街道小巷步步皆有江南"小桥流水人家"的韵味。（见图3.23、图3.24）

图3.23　歙县北岸村吴氏祠堂

图3.24　歙县北岸村廊桥

第三节 建筑特点——黑白规矩藏富丽

一、基本特点概述

(一)房屋布局：天井楼居，四水归堂，类型多样，园林巧工

旧时徽州城乡住宅多为砖木结构的楼房。明代以楼上宽敞为特征，清代以后多为一明(厅堂)两暗(左右卧室)的三间屋和一明四暗的四合屋，一屋多进。

四水归堂是说雨水都是从四面建筑屋面往天井里面排，这个水排到天井里面，然后再排出去。这个水被认为是财水，财水不能外流，所以又叫作肥水不外流。

徽州民居建筑是典型的南方天井合院式布局。所谓天井，其实是开口尺度较小的内部庭院，形态高耸。和北方院落的区别，不仅在于尺度小，而且南方的天井和厅堂之间一般没有隔断，而是融为一体，将天井作为厅堂与室外过渡的一个部分，并借此通风、采光和排水。

建筑的面宽一般遵守三开间，进深有一进(按照天井数量计算)和二进不等，每进布局类似，中间是厅堂，两侧是卧室，卧室与天井之间有隔扇分隔，通过天井的开口间接采光。厅堂兼具祭祖和会客的作用，左右卧室上手住父母，下手住儿女，恪守规矩，秩序分明。

徽州民居一般都设置楼居，这种楼居不同于其他地方的阁楼，空间窄小，多用来存放杂物，而是和楼下对应有厅堂卧室，明代建筑尤其重视楼厅。这就使得徽州民居的天井比例显得更加的高狭。

徽州园林附属于民居，风格独成一派，使得徽派民居在中国民居中又独出其秀。《歙县志》记录："商人致富后，即回家修祠堂、建园第、重楼宏丽。"徽商有强大的经济基础，加上他们博览天下名园，便在客居地以及徽州老家建造了大量私家园林。

我造访的徽州园林实例，除水口园林外，还有宏村的碧园、德义堂，西递的西园等。总体印象是园虽小而精致，宏村园林以善于用水见长，小而活水，小而透气。

(二)外部造型：黑瓦白墙，五岳朝天，题匾寓理，三雕精美

硬山屋顶，黑瓦白墙，是其传统建筑鲜明的外部特征。徽州民居因为地狭人稠，布局密集，为私密性和安全性考虑，建筑与建筑之间用高墙分隔。这种高大的白墙，主要是指山墙而言的，修建山墙的目的是防雨防盗防火，因此又叫封火山墙——因其跌落的形态，又有"马头墙"的称呼。在徽州，山墙上皮取平，跌落三级，称为五岳朝天，是官宦人家才可以用的形式。未取得官品者，可以捐钱获得。

　　建筑取材大多为单纯的砖、木、石及小青瓦，用料讲究，三雕精美(独特的石雕、砖雕、木雕技艺，被统称为徽州"三雕")。建筑四周均用高墙围起，似乎刻意营建封闭的高墙大院，专意去经营天井小合院内部的舒适与豪华，并隔离了外界的喧嚣，这与北方的合院建筑一样，是中国传统民居的主要特征之一。

　　徽州的老房子一般不给人以华丽之感。它一概用小青瓦而几乎从不用琉璃瓦，门楼和屋内的石、砖、木绝少用五色勾画，隔扇、梁栋等也不施髹漆。

　　但是它引以为豪的马头墙甚至还不如浙江或者湖南地方的张扬和层次丰富。它的黑白二色举世闻名。但是这种色彩的搭配，如何成为一种风尚，而且又如何辐射和影响中国的江南各地，是值得研究的。

　　徽州的题匾，从建筑内到建筑外，门楣厅堂，正屋偏屋，凡有人居处，皆有题匾对联。如"敬爱堂""慎思堂""膺福堂""桃花源里人家""作退一步想""人心曲曲弯弯水，世上重重叠叠山""不除庭草留生意，爱养盆鱼识化机"等。由于徽商多为儒商，重教化，讲人伦，善与仕交往，它的处世哲学、人生追求便通过对联张布在建筑上，成为建筑的重要组成部分。依附建筑而生的徽州楹联匾额在明清两代达到鼎盛，主要表现在它已渗透到社会生活的各个方面。写景咏物，言志抒怀。徽州楹联匾额所反映的明清几百年间人们思想、道德、伦理、教化、政治、经济、文化等方面的信息是极其丰富且弥足珍贵的。

　　徽州的三雕与它相对朴素的外表是相对的，主要是徽商财富的象征。这些雕刻综合了徽州的绘画、书法、篆刻等方面的成就。徽州三雕的内容，主要为民间传说、戏文故事、花鸟瑞兽、龙狮马鹿、名胜风光、民情风俗、渔樵耕读、明暗八仙和博古吉图等。其雕刻技法，一般多为浮雕，杂有透雕、圆雕、线雕与多种技法的并用。(见图3.25、图3.26)

图 3.25　歙县瞻淇木雕

图 3.26　歙县萌坑斜撑木雕

徽州三雕是汉族民间情趣与文人情趣的完美结合，三雕反映了新安理学的影响，强调了社会教化功能，重视审美中的情感体验与道德伦理的自然融合。三雕作品充分体现了汉族民间艺术语言的特点，是民间艺人主观意志的充分体现。徽州三雕中这种极富装饰性的、稚拙天真的艺术造型，融汇了秦汉以来中原汉族文化艺术的优秀传统，同时又吸收了徽州地域文化的丰富营养，因而产生了既玲珑剔透又清新雅致的独特面貌，成为中国文化史上一朵奇葩。

(三) 关于徽派建筑

现在人们习惯于把皖南古村落和皖南的乡土建筑称为徽派古村落或徽派建筑，其实是不严谨也不合适的。因为在中国古代建筑的营造史上，的确存在着以地域命名的帮或者派，但是没有徽派这一说。不能仅看这种建筑所在地域，还要看这个地方是不是存在着固定的工匠帮派——徽州村落和徽州建筑，有记载是浙江东阳帮工匠营造的，而且徽州所在的新安江属于钱塘江流域，和浙江西部同在一个建筑文化圈。这样说来，说它们仅仅是一个局部区域的徽派建筑，显然就没有分清事物的源流。

皖南古村落之中，分布着祠堂、村庙、水口楼亭、官宅、民居、书院、商铺、作坊、桥梁、牌坊等，建筑类型非常齐全，从建筑类型的划分就可以对徽州乡土世界的社会结构与文化背景窥见一斑。这些建筑既是对特定地域自然环境的适应，又是特定时代社会组织结构的反映。其中，祠堂建筑规模宏伟，用料讲究，又是徽州民居的重要成就和代表。(见图 3.27)

图 3.27 歙县棠樾鲍氏支祠

从某种角度看，徽派建筑几乎是一张标准面孔，因此说它是中华民居园中的一朵奇葩，显然是不妥的，比如我惯熟的鄂东南古村落，有很多类似宏村的月沼那样的形象，仅仅没有宏村的精致和规模大而已。探访和认知二十年来，我对于徽州的印象，依旧比较矛盾。一方面我认同它的江南儒雅气和文人气；另一方面它也明显地存在奢华和显摆，关于中国真实的乡土社会，它们一定不是同一个层次等级，经济实力深刻影响了村落建设和宅第修造，对此，徽州就有足够的时间和财力，也不缺乏高人用心营造和文化指导。徽州古村落，主要是因盐商、官宦而兴起的，经济实力不是问题，他们在家乡大行建设，渲染文风，财富与文化推动了古村落建设的成就，绝非其他地方可比。所以，欣赏徽州古村落，一定是站在两点，一是财富地位，一是文化底蕴。我最近得到启迪，中国古村落，向来都是农商结合的，徽州则几乎是一个极致，它是行商覆盖了农耕。

有学者据《徽郡太守何君德政碑记》推定明代徽州太守何歆是马头墙的发明人。关于这，我只能说，何歆太守是倡导者。何歆以地方法规的形式，强行推广防火墙建设。官府规定，"五家为伍，甃以高垣"，甃，就是砖。这句话的意思，即每五户居民为一个单元，用砖石砌成高墙。每到第五户居民家，必须将自家的墙基向内缩 6 寸，让出"公共"的 1.2 尺，在这个 1.2 尺宽的"公共地基"上砌墙，一直砌上去，高出屋面，即成为防火墙；五家之间的那几户，不存在"让出"地基，但必须出资买砖石，或者出劳力。违反规定的，抓起来坐班房。

曾几何时，江西、广东、福建、浙江、江苏、湖南、湖北等地，相继出现了这种类似的防火墙。不管这个传播是怎样形成的，也不管各地民居的马头墙如何不断变化或者丰富，这种推广传播也就认可了徽州民居的代表性。徽州民居最鲜明的视觉特征是黑瓦白墙，但是为什么用黑白，这种黑白的文化意义是什么，这件事还没有挖掘透彻。但是也不能说徽派建筑就可以代表其他地区的民居形式，因其不具有普遍性，且丰富性也是不够的。

二、案例赏析

(一)南屏村

1. 叶氏宗祠

叶氏宗祠即叙秩堂，位于南屏村的西街，始建于明成化年间，建筑占地千余平方米，三进三间格局。门楼为三开间三滴水歇山重檐假三间门廊式。建筑规模宏大，气势庄严。（见图 3.28）

图 3.28 南屏叶氏宗祠

2. 叶氏支祠

叶氏支祠即奎光堂，位于南屏村的西街，为南屏叶氏祭祀其四世祖叶文圭公的会堂。始建于明弘治年间，占地千余平方米，三进三间格局。门楼为三开间歇山重檐五滴水假三间门廊式。（见图 3.29）

图 3.29 南屏叶氏支祠

一村大族建有宗祠，许多大村落还分出支祠与家祠。其基本格局是家祠围绕支祠，支祠配属于宗祠。家祠周围是同一姓氏的直系亲属的住宅，支祠将同一姓氏、同一支脉的后代的家庭统揽在身边，家祠、支祠均以宗祠为中心，构成了村落核心的基本的社会和空间脉络。有些小村落，辐射在周边地区，只建有支祠，还与同姓的其他村落共一宗祠或总祠，将血缘关系的纽带扩展到更大的区域。

3. 慎思堂民居

慎思堂民居位于南屏村上叶街，是上叶十六家之一，建筑坐西朝东，三间两进格局。（见图 3.30、图 3.31、图 3.32）

十年前造访皖南山村的时候，因为那里还尚未全面开发旅游和对外开放，处处可见未经现代文明雕琢的原真的村落形态，处处可体验宁静朴实的生活氛围。我们选择住在距离黟县县城 4 公里的南屏村，因为村中尚没有专门的旅店，一行人分住在几户人家老宅里，我被安排下榻在"慎思堂"。"慎思堂"又叫"白果厅"，意思是房屋的主要梁柱用银杏（白果）木料。一幢保护得非常好的晚清民居，前面一进庭院，后面两进厅堂，被主人收拾得干净、整齐。古宅的门常开着，即使屋中无人，留着空宅大院，任人进出参观，显示出大家之气度。

南方民居将围院的意态转变为天井庭院，且尚楼居，因此空间尺度相对高峻。造成与

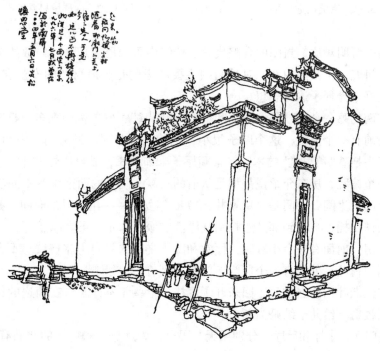

图 3.30　南屏慎思堂民居

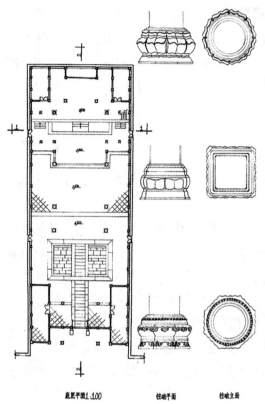

图 3.31　南屏祠堂平面

图 3.32　南屏慎思堂民居厅堂

北方合院建筑的鲜明对比。封闭的合院代表了传统中国的居住理念，内敛的个性，温和的外表与精美、讲究、丰富的内在。对外封闭主要考虑的是生命财产的安全和生活的安静。慎思堂建筑很好地诠释了这种思想。

当时在皖南的第一个住处是位于上叶街的"慎思堂"，它的大门朝东，整座建筑也是坐西朝东。正门前有一个前院，这个院子很小，也就四五步深。进大门，中间一列是正厅，正厅的中堂当中挂着"慎思堂"的木匾，整幢屋子未饰油漆，显得格外古朴。

南边有一个偏院，房东介绍说是那是从前的马厩，院子的西南角有一间洗澡间，西北角是一间低矮的卫生间，中间是一口家井，1996 年夏天——半个月的时间，我就是每天拎着一个小口的铁皮桶，自己到那井边打水洗澡洗衣服，那水，可真凉。

北边是书房，前面有一个小庭院，厅堂和院子之间的隔扇用冰梅纹。不大的院子里种着天竺和石榴、梅花，外面有一个假门，门楣上刻着"芝兰别墅"。

屋子的主人老叶以前当过兵，回来开了客栈，近些年不开了，在南边的偏院空地上盖起了一幢两层楼房，给儿子结婚当新房。

厅堂包括门厅、中厅和后厅，分别用天井隔开，中厅檐下和门厅的北面有门通向书房。后厅的檐下南面有门通到偏院，白果木的梁架，精致考究，黟县青的条石天井沿和大方砖铺砌的地面，整整齐齐。南屏人爱干净，不论室内还是室外，都收拾和打扫得一尘不染。

我住的是中厅的上房。学生住在书房那个院子里。每天早中晚三餐都安排在中厅大圆桌，十个人，桌上的菜有：南瓜叶、南瓜、红薯叶、红薯藤、腊八豆腐、干蕨菜、西红柿（南瓜花）蛋花汤。现在想起来，那些都是上好的生态食材，有什么不好呢？

老叶两口子，每到吃饭，都是捧着一碗稠稀饭，碗边放了一撮青菜，一个蹲在院门口，一个倚着院门门框。看着门前的巷子和路人（巷子那边也会有邻居捧着稀饭出来吃），边说话边吃饭。显然，院门外面这一段巷子，也是他们家的"餐厅和客厅"。

这样的屋子，是祖先留下的财富，子孙守着旧家园，享受着他们缓慢的生活。

4. 慎思堂民居大门

眼下大多数徽州民居还有人居住，有人打理，因此也收拾得非常干净。它的院门——大门——仪门（中门），层次分明而各有细节，大门还偏了一点距离，使之没有对齐，是风水的讲究，也是私密性的考虑。慎思堂整座建筑的木架都用的白果木（银杏）。村中还有其他比较气派的建筑，很多都用银杏或红松，并非全用杉木。从这个地方可以看出，徽州人对建筑品质的刻意追求。（见图 3.33）

图 3.33　南屏慎思堂民居的门

徽州建筑的精致体现在内部。看看它的材料，石质的天井檐，方砖铺的厅堂地面，红松和银杏木的梁架。房东老叶心中装着叶家的一段传奇历史。我想，整个徽商的后代，应该有很多家族故事可以记录下来吧。

5. 民居厅堂（终生平静）

房屋的内部陈设则是着力渲染和体现出徽州文化的主题、传统儒家之风。正面太师壁上额匾高悬，内容主要为"承志堂""怀德堂""敬爱堂""慎思堂""膺福堂""仁礼堂""大雅堂""尚德堂"之类，点出仁义道德的家规家风。中堂对联也多数是劝教崇礼的内容，反映礼教的功能和作用。紧贴太师壁的条案东置花瓶，西置雕花架玻璃镜，取"东平（瓶）西静（镜）"之意。有的人家中间置一座钟，每当钟声敲响，报出"终生平静"的祝愿。（见图3.34、图3.35）

四水归堂，指的是屋顶内坡向天井排水，也是为了不把雨水排到外面而影响巷子里的行人，这是密集布局带来的功能要求。一般人常说的"肥水不流外人田"，那只是一种民俗的附会。实际上向内排水并没有在民居内形成"雨帘"的景象，因为天井檐口有檐沟，檐沟通过锡制落水管（"大跃进"时代全部被捣毁，后代以塑料管）把雨水导入天井下面。这也是徽州建筑巧思的体现。

图3.34 民居厅堂

图 3.35　民居厅堂

6. 倚南别墅厅堂

倚南别墅位于南屏村上叶街，是上叶十六家之一，建筑坐南朝北，因此名"倚南"。三间一进上下厅格局。徽州民居室内的突出特征是绝大多数都设有"天井"，与厅堂相连，可以使屋内光线充足、空气流通。高敞的天井开口直接承受天上的雨雪风露，地面的天沟将雨水汇集并通过地下沟渠排到屋外，连天上的雨水也被看作是生活的一部分，引导它流入自家庭院。如此内外气流畅通，起到沟通天地的功能。所以，虽然房屋看似封闭，实际上时刻保持与自然的联系，十分讲究人与天地自然的相亲相和。天井的设置还带有强烈的在家中构建个人一方完整天地的意象。在农耕文明时代，人们日常生活和终生所依托的家居环境中，沟通天地、与天地自然保持和谐的意愿对居住主体来说是真实和深沉的，甚至是最根本的。（见图 3.36、图 3.37）

我第二次造访南屏村，住在倚南别墅，前后计有十天时间，再一次体验了徽州民居的内部空间。我看明亮的天井厅堂空间，正如历史老人宽厚的胸怀，容纳着说不尽的世事沧桑。此后，倚南别墅几乎成了我在徽州的定点"客栈"。

从"慎思堂"那个马厩再南边一条小巷往西走不过几步，左转过一个题有"履信"的砖拱门券就到倚南别墅了。2000 年元旦，我冒着大雪寻找到自己四年前曾经住过的"慎思堂"，想再次求住。房东老叶(健安)说儿子回来了，以前的房间不空了，于是推荐了堂兄弟"倚南别墅"老叶(芳均)家，它的堂匾虽然题写的是"行吾素轩"，但一般都叫它"倚南别墅"。他们家点着一盏昏暗的灯，晚上厅堂里黑乎乎的，我带的一位学生过天井的时候，不小心碰倒了天井边上养天竺的瓷瓶，碎了一地，等她转身回来再看，那儿已经收拾得不见痕迹了。我们向主人致歉，主人连忙说："没什么，没什么，天黑看不见，不怪你们啊!"

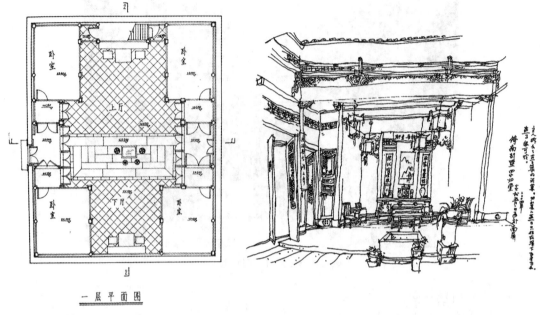

图 3.36 南屏倚南别墅平面　　　　　图 3.37 南屏倚南别墅

老叶是邮局退休的老职工，单位好像还不在黟县，是祁门或者休宁？忘了。他是一位真诚和善、老实甚至有点木讷的老人。他平时话不多，总穿着他那件灰蓝色工作服，或者双手捧着一个茶杯在上叶街那里转悠，或者一天到晚忧郁地坐在那里。他眼睛不好，连电视也很少看。老人和我十分熟悉，常和我攀谈，他说老房子和人一样到了秋冬时节，因为干燥收缩，会"嘣嘣"作响，晚上睡觉听见了不要见怪。谈得最多的，是关于他的祖父叶自珂和他的祖母，特别是她的祖母所遭受的种种艰难和不幸，坚强地领着子孙渡过了好几道难关，维系了家族。看得出来，老人心里有一个结，只为这位曾经支撑家族命运的祖母。

2010 年春节，我们全家到老叶家去，准备在那里过一个地地道道的热闹年。没想到，村子里依旧冷清，过年的气氛很淡。而且皖南过年是不吃饺子的，吃的和平时差不多，只是每餐都有一个小火锅，还要有一条自家晾的臭鳜鱼。

7. 小洋楼

小洋楼位于南屏村西北，它的来历很有意思，据说主人(叶坚吾)长年在外经商，为让母亲在家能够多看看外面的风景，便用在外赚的钱在村中为母亲建造起全村最高的建筑，取名孝思楼。(见图 3.38)

孝思楼下面三层四面十分封闭，开窗极小，最上面是一个开敞的亭子，可以登高瞭望。不过周围是空旷的田野，更远是绵延的群山，能够看到什么风景呢？也许比守在自家天井中坐井观天强一些吧。这便是足不出户的徽州古代妇女真实的人生命运，真是令人叹息。南屏洋楼不仅海拔很高，而且加入了西洋建筑的元素，外表当然还是黑瓦白墙，与村庄整体是协调的，成为南屏的标志性建筑。

图 3.38　南屏小洋楼

8. 古村侧影

南屏村在历史上没有像西递、宏村那样形成重要的集镇，只在祠堂前的横店街有零星几间铺子，依然保持着居住型聚落的特点，因此今天的南屏村虽然被多部电影选作外景拍摄的基地，一度人声鼎沸，车水马龙，可一旦拍摄结束，村庄又归于平静祥和。村中人家绝大多数还守着古宅，过着与世无争的生活，民风十分古朴醇厚。

徽州民居给人的最初和突出印象是那黑白相间的整体色彩效果，以黑、白、灰的层次变化组成在统一的建筑色调下，徽派建筑总是那么的素雅清淡，恰似一幅幅水墨画。我选择这个角度，是想表现面对南屏山的村落形象，因为南屏村虽然依傍南屏山，但坐东朝西，主要的建筑比如祠堂等都面向西边，所以从正北面看过去，看到的不过是它的侧影。

9. 倚南别墅厅堂

这座清代民居，至今有人在里面生活，松木的木结构被维护得很好。（见图 3.39）

图 3.39 南屏倚南别墅厅堂

10. 慎思堂民居木雕

慎思堂民居木雕在徽州民居木雕中保护得比较好，又十分有艺术代表性。徽州三雕闻名于世，生动的细节，是反映生命和谐的组成部分。精细的雕刻，也是徽州建筑品质的重要构成。(见图 3.40)

图 3.40 南屏慎思堂民居木雕

(二)西递村

1. 敬爱堂亦人亦猴區

"敬爱堂"内有"忠、孝、节、义"四块巨匾,其中里门上枋悬挂着一个一米见方的大"孝"字(见图3.41),是唯一保存下来的历史真迹,据说是南宋理学家朱熹造访西递时所书。此"孝"字亦书亦画,字的上部酷似一仰面作揖尊老孝顺的后生,而人面的后脑却分明像一尖嘴猴头,村人附会其"尊老孝顺者为人,忤逆不孝者为畜"的深刻寓意。

祠堂(见图3.42)担负着聚集村落血缘亲情的作用,还可以教化族人。忠孝节义是宗法社会的基本秩序,是维系稳定的社会关系的主体思想。建筑可通过这些细节的展示达到教化的目的。

图3.41 西递敬爱堂"孝"字匾　　　　　　图3.42 西递敬爱堂祠堂前

2. 刺史牌楼

牌楼位于西递村口,其主人胡文光在明嘉靖三十四年(公元1555年)中举,后任江西万载县知县,再升迁为山东胶州知州(明代不设刺史,知州等同于汉唐时刺史这一官职,因而牌坊上有"胶州刺史"四字);后选入荆州王府任长史,总管王府各种事务。王府长史又称王府首相,所以,胡文光又为"荆藩首相"。

牌楼高12米,宽9.55米,为三间、四柱、五楼式结构,即由四根柱子形成中间大两边小的三个开间,柱上又支撑五座歇山式屋顶,因此又称"五凤牌楼"。牌楼通体采用的是黟县黑色大理石,质地坚实细腻。牌楼底座有4只高2.5米、均呈俯冲姿势的倒爬石狮。狮头朝下,造成重心下移,可以作为两根正柱的支撑,稳定高耸的牌楼。整个牌楼,镌刻着精美古朴的浮雕,为徽州石雕的精品佳作。一楼横坊正中额坊雕刻的是"五狮戏绣球"图案，两侧额坊分别雕有凤凰、麒麟、仙鹤、梅花鹿等。梁柱间，为仿木石雕斗拱和雀替承托，两侧上下层额坊间分别嵌以石雕花窗，与石雕的额坊形成虚实的对比变化。二楼横坊西面，刻有"胶州刺史"，横坊东面上书"荆藩首相"，均为斗大双钩楷书。三楼轴线上竖刻"恩荣"两字，两旁衬以花盘浮雕，显示牌楼的建造是因为得到了皇帝的宠幸与恩施。

该牌楼建于明朝万历六年（公元 1578 年），距今已有 400 余年。历史上，西递村头曾树立过 13 座牌楼，但这 13 座牌楼中，气势最雄伟、工艺最精良者当属胡文光牌楼，如今西递村头只剩下这么唯一的一座，作为数百年风霜雨雪、社会动乱后的历史见证。

3. 作退一步想

位于西递的"大夫第"，原为清康熙年间朝列大夫、知府胡文煦的故居。建筑阁楼处于街巷的拐角处，墙角正对丁字路口，为方便行人，主人在建筑时，面对正街的墙基有意识往后缩进了一米左右，并且将阁楼下半部分墙角削去了直角。这一侧门楣上专门刻写了"作退一步想"。（见图 3.43）

图 3.43 西递"作退一步"想民居

　　这座建筑的做法，反映了徽州退休官员和商人的普遍心态。无论做官还是经商，退休回家，"作退一步想"。故里的聚落是中国人内心深处真正的家园。其实这座"大夫第"阁楼上的"桃花源里人家"与楼下"作退一步想"的门额含义是一致的，是封建士大夫崇尚有进有退，宦海疲惫或官场不得志后选择隐居所谓世外桃花源，以求颐养天年的心理的真实反映。

（三）宏村德义堂徽式园林

　　德义堂位于宏村中部，为民国后期汪锡光先生故居。建于清中早期，是徽州民居私家小园林的代表，营造有水景，在四五平方米的水池边建临水的轩，植花种草等。方寸之地，见江湖之远，生临渊之意，是具有地域特色的园林建筑。（见图3.44）

图 3.44　宏村德义堂徽式园林

　　徽州民居私家园林规模适中，与住宅结合紧密，小巧而更加生活化。我觉得它更加质朴而且接地气，更加贴近园林建筑的本质。官员和徽商退休回家，追求一份回归故里和回归自然的宁静。家家户户有意在打造一种恬淡、宁静、幽雅和与世无争的气氛，处处调和居住者的内心，引导人忘却烦恼、心平气和、安详知足、率真超脱，滋生闲情逸致的情怀。主要的思想方法就是学习自然、融入自然，使人感到与自然无时无刻不在息息相通。南屏村的一位老木匠叶吉生在他家的小庭院里书有一联："不除庭草留生意，爱养盆鱼识化机。"准确生动地体现了这种境界。

正是因为有这样的追求，徽州古村落作为徽商故里，就兼具闾阎扑地、精雕细琢的豪华骄奢气，有家族和睦、守田望村鸡犬相闻的田园气，也有山林相映、读书赏兰、忘情避世的隐逸气。

诚然，我在徽州认识到的，还有一种时代的焦虑和不适，晚清和民国时期，徽州还在建设，但是显然和本来田园牧歌的格调逐渐形成了矛盾，直至今日这种矛盾仍然在持续。

我们学习和欣赏徽州古建筑，也因为它们是那个时代社会文化与建筑技术完美结合的典型代表。它们是一个活生生的文化综合体，兼具真实性、完整性和独特性。学习传统文化，应该谦虚地走到乡土里去，"纸上得来终觉浅。"所以，不要小看了乡土建筑。而且，读得懂它们，也非常不简单。

第四节 画意与审美

皖南古村落是散落在新安山水之间的精灵，这里聚集了大部分人口和徽商的财富，一湾湾人烟稠密的古村落，一座座精致的庄园，一个个封闭的天井，几乎为我们保留了新安文化的完整样板。

然而在我的感知当中，应该还有沉甸甸的历史和人事、空间的紧张逼仄、饮食的酱色浓重，以及反映在失落荣华的徽商后人身上的拘谨木讷。遥想那块土地，空灵又沉重，精雅又古朴，云回浪涌又宁静闲远，诸多看似对立却又合理并存的印象交织，给了我一个立体的皖南古村落。

一、风貌与内涵总结

皖南古村落是位于中国东南地区、传承有序、因商而精的中国传统聚落。它们秉承传统儒家思想，集中了传统优秀的营造工艺，本着对和谐生活和居住艺术的追求，在选址、布局、建筑类型、建筑工艺上蕴藏着丰富的智慧，做出了杰出的成就，作为明清时期中国聚落的代表被列入世界文化遗产。它们营造的"桃花源里人家"的村落风貌和"四合天井兼楼居、黑瓦白墙马头墙、三雕俱美"的建筑风格，也享誉天下。而新安文化厚重的历史、儒商结合的背景以及新安文化的地域特质，正是皖南古村落水墨画的内涵和审美意境的注解。

二、水墨画特征要素

例如，宏村号称"中国画里的古村落"，实际上反映了中国画中"山、水、村居"这几个通行元素的组合，皖南兼具山水和村居的精致。皖南古村落在构图组合上，由于借助了山形的开合，座座村落在山回路转之间，有深远的意象。加上古树掩映、古桥古亭的水口园林，画面构图元素丰富，组合舒展自如、质感光润、柔和，轮廓、线条富有韵律。皖南古村落依托秀美的新安山水，固然有着白墙黑瓦的清新，黑白二色色彩单纯、简洁，对比鲜明、洗练，无色胜似有色，正是中国水墨画意的底色。（见图 3.45、图 3.46）

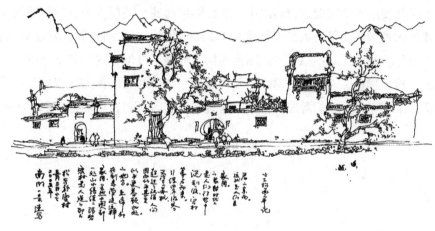

图 3.45　宏村南湖

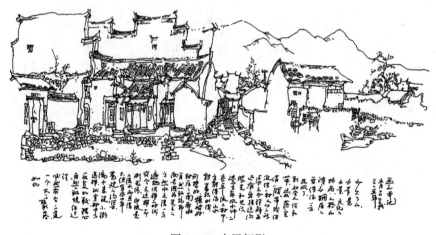

图 3.46　南屏侧影

三、审美经历与体验

我第一次去皖南是 1996 年，历经洪水和塌方，终于抵达南屏。当天晚上，我就在干净整肃的村中巷子里迷了路。这种经历，终生难忘。尽管那一年我才二十多岁，在感受到迷路的恐惧的同时，也收获了一份新奇和兴奋。

巨大的村落，夜里没有照明，完全把外部空间让给黑夜和大自然。好像只有经过这一夜的黑色洗礼，第二天才有理由健康醒来。而且，好像也只有这样的聚落才能容纳星斗的光辉。2003 年 12 月 12 日夜，我曾专门赶到这里，在村口那片空场上仰望流星雨。那不仅是令人难忘的记忆，而且也催生了我对"夜游"这个项目的喜爱。

置身依傍新安山水的皖南古村落之中，虽然熙熙村巷，高门大宅，但翳然的山水和黑白二色的建筑仿佛刻意要平复人的焦躁和中和人的油腻，山水和人居，处处刻画着精致，又处处刻意内敛，使人无处不感觉到细腻温婉而又冲淡了冷峻，这一点也是皖南古村落的可贵之处。一碗臭鳜鱼，一碟毛豆腐，再加南瓜叶、红薯叶，皖南的饮食既重油重色，又有清淡菜蔬，浓淡相宜，它们醇厚的滋味，每每把我引入对那古老沉郁村落的回忆之中。

第四章
武陵土家：荒僻山居，木楼合院

对于土家族地区的造访，起始于我大学刚毕业在宜昌工作时的梦想。有一天宿舍那台14英寸老式黑白电视机播放了一个围绕"土家民歌"让我终生难忘的节目，磁铁一样地吸引着我，便下定决心有机会一定要去同在鄂西南恩施地区的土家族山区看一看——那时从宜昌到恩施需要坐十二个小时的汽车。宜昌已经是山区了，没想到恩施还在山那边，这种感觉，很神秘，让我神往。曾经随单位出差沿三峡上溯去了隶属于恩施地区的江边小城巴东，仍然欲罢不能，终于，在1993年夏天我自己买票坐大巴车去到了恩施山里。

回武汉以后，十几次再访，对鄂西土家族的探访都没有中断，一晃二十几年就过去了。但是如果有人认为，如今的鄂西土家地区，处处古寨，寨寨阁栏(吊脚楼)，那就大错特错了。其实，莽莽大山，施鹤八属(恩施地区八个县)，风貌完整的土家寨子，已经难觅踪影了。

第一节　地理与文化背景——武陵山中巴人传民毕兹卡

土家族主要分布在湘、鄂、渝、黔交界地带的武陵山区。湖南省的土家族主要分布在湘西土家族苗族自治州的永顺、龙山、保靖、古丈等县，张家界市的慈利、桑植等县，常德市的石门等县；湖北省的土家族主要分布在恩施土家族苗族自治州的来凤、鹤峰、咸丰、宣恩、建始、巴东、恩施、利川等县市，宜昌市的长阳、五峰两县；重庆市的土家族主要分布在渝东南的黔江、酉阳、石柱、秀山、彭水等区县；贵州省的土家族主要分布在黔东北的沿河、印江、思南、江口、德江等县。土家族聚居的武陵山地区内沟壑纵横，溪水如流，山多地少，属亚热带山区气候，常年雾气缭绕，湿度大。

土家族现有人口八百余万，在全国各民族人口总数中排名第七，主要分布在湖南、湖北、重庆、贵州毗连的武陵山地区，1957 年 1 月被正式确定为单一的少数民族。土家族人自称为"毕兹卡"。"土家族"是汉族人对"毕兹卡"的称呼。

土家族北支(湖南省湘西州、张家界市，湖北省恩施州、宜昌市，重庆市东南，贵州省东北)自称"毕兹卡、毕基卡、密基卡"等。土家族南支(仅分布于湖南省湘西州泸溪县境内的几个村落)自称"孟兹"，南支土家语与北部土家语不能相通，现只有泸溪的两千余人使用。

土家语属汉藏语系藏缅语族土家语支，也有人认为土家语应归入缅彝语支，是藏缅语族内一种十分古老独特的语言。绝大多数土家族人讲汉语，如今只有为数不多的几个土家族聚居区还保留着土家语。土家族没有本民族文字，通用汉文。崇拜祖先，信仰多神。

土家族地区常见吊脚楼民居。吊脚楼也叫"吊楼"或转角楼，为苗族、壮族、布依族、侗族、水族、土家族等族传统民居，在湘西、鄂西、贵州地区的吊脚楼也很多。

土家族吊脚楼，如果归入西南吊脚楼，丰富苗族吊脚楼和侗族吊脚楼等，就特别有代表意义。江西填湖广，绕不开大巴山和武陵山区。关于这个问题研究者不多，我研究土家族的时候也没有关注过。土家族位于山区，此山区非彼山区，生境十分艰苦，问题或者在于土壤的贫乏，或者在于水资源的贫乏，使之承担不了人口的迅速增长。同时，这里交通不便，缺乏同外界的交流，商业不发达，因此经济十分落后——是不是说这里的聚落和建筑就发展得不好呢？有一些道理，但是并非没有值得挖掘的价值和内容。这里的建筑，是干栏式，是山区穿斗木屋式——穿斗木屋本身没有什么特别的，遍及中国南方山区，但加入吊脚楼的元素后，就会引起人的思考：是否受了少数民族建筑文化的影响或者巴人阁阑的影响？有人说这是少数民族所特有，也有人说这在西南山区很普遍。究竟该按照民族文化说还是按照地域环境说？这个问题到目前都还没有得到解答。比如，土家族人回答我为什么要造转角楼，总是无根无由，只是说，神气。

选择土家吊脚楼来比较和分析，因为它是干栏建筑中比较有趣的一种。不在规模和材料、细节等方面，它的缺点是没有完成，然而或许这正是它的特色。那些普遍存在的钥匙头——从湘西地区(洪江、黔阳、凤凰等)常见的窨子屋看(酉水船歌唱云："石板街，五里路，封火窨子转角楼")，土家人似乎并不总以裸露的吊脚木楼为傲。在鄂西地区，窨子屋相对来说非常少，我好像只在利川高仰台庄园以及鱼木寨六吉堂看见过。一字屋—转角楼(钥匙头、三合水)—四水屋—窨子屋—冲天楼，这种动态的呈现，使我有些疑惑，尽管转角楼是土家人口口相传并引以为豪的，但也许这种裸露是人们的无奈之举，已经成为人们生活中接受的常态，既然无力去围合它，就认同这种状态并去打造它、完善它——这也可以解释我们为什么对那个转角楼的毚子造型有着审美的专注。就现状而言，土家的木构让我产生了更开阔的学习冲动，它似乎更接近木构本来的那些简单明了的构成方式和过程，可以释放它们本来的美。

不能说鄂西古村落和吊脚楼的成就比湘西地区的弱。凭我的最初印象，也许湘西地区的区位更接近商业活跃地带，更多地连接着交通发达地带，鄂西地区在这方面则偏弱。这也恰恰说明，聚落和建筑是经济地位的一面镜子。在文化和人物方面，鄂西古村落状况也是比较弱的，历史短，人文积淀较浅。研究它的聚落，似乎不能离开它的核——土司城，但是 300 年前，它就基本上终止了——这以后的 300 年间，围绕聚落的发展，也没有很好的人物流传和历史记载。

仅就吊脚木楼来看，与苗族侗族村寨相比，它也有特别之处。虽然相比较而言，苗族侗族也都倾向裸露木壁和结构，尽管他们也可能愿意做窨子屋，但我尚未发现他们特别喜欢转角楼，因此土家族强调转角形成的端头龛子使其在干栏民居类型中比较突出。所以，我们选择这个案例，在于它的"未完成"和"转角"，这让我们对于建筑的生成过程有了一个动态的了解，这一点是很具启发性的。

第二节　土家村寨的聚落特点——巴山楚水野人家

一、基本特点概述

（一）选址分布：依山散居，沿河架桥，守田小寨

恩施地区辖有八县，即恩施、巴东、建始、利川、来凤、咸丰、宣恩、鹤峰。历史上，北部巴东、建始等县归属归州和夔州，南部地区实行土司制度，设有容美宣慰司，施南、散毛、忠建 3 个宣抚司，9 个安抚司，13 个长官司，5 个蛮夷长官司。

清初沿用明制，雍正六年（公元 1728 年）裁施州卫，设恩施县，辖区未变。雍正十三年改土归流，置施南府，辖恩施县、宣恩县、来凤县、咸丰县、利川县。乾隆元年（公元 1736 年），夔州建始县划归施州，巴东县、鹤峰州属宜昌府。

民国元年（公元 1912 年）废府设道存县，民国四年（公元 1915 年）设荆南道，治所恩施县，辖恩施、建始、宣恩、来凤、咸丰、利川 6 县。民国二十一年（公元 1932 年）改为第十行政督察区，巴东县划入，州域始为 8 县之治。中华人民共和国成立后，1949 年 11 月 6 日恩施县城解放，成立湖北省恩施行政区，置专员公署，仍辖原 8 县。1983 年国务院批准撤销恩施地区行政公署，成立鄂西土家族苗族自治州。全州辖恩施市、巴东、建始、利川、来凤、咸丰、宣恩、鹤峰 7 县 1 市。全境为由北部大巴山脉的南缘分支巫山山脉、东南部和中部属苗岭分支的武陵山脉以及西部大娄山山脉的北延部齐跃山脉等组成的山地。清江、酉水和唐崖河穿山而过，高山峻岭，山重水复，特定的地形造成了土家人特定的居

住方式。土家人"所居必择高岭"，往往同姓数十户或上百户集聚而成为一寨；土家人多聚居山内，客家人多居山外。湖北境内，土家族的寨子规模都不大，总体反映出大散居、小聚居的特点。

土家族的寨子一般规模比较小，这是相对于苗寨而言的，因为土家人耕作面积小，限制了人口的增长和村落规模的扩张。苗寨设有"庄户"制度，其村落管理田地辐射的范围就比土家村寨大得多，因此也就更有实力营建大寨。当然，营建大寨本身也是历史上苗族人抵御汉人的需求。而土家人长期与汉人友好，防卫的需求就没有那么强。

恩施境内很少有大型的聚落。就目前来看，最著名的寨子宣恩彭家寨也不过二十来幢吊脚房子。另外一个来凤的徐家寨，房子有二三十幢，只可惜因为曾经遭遇火灾，吊脚楼仅剩下两幢了。咸丰还有一个麻柳羌寨，虽然不是土家族，但使用的也是吊脚楼木屋，沿着麻柳溪，零零散散地分布着一些建筑，但不集中。一方面，生存和发展的条件有限，使之缺少强宗大族；另一方面，家族频繁迁徙和变迁，使之杂姓共居。

由于田地稀少，土家人的聚落不占平地，与山地有很多密切的联系。比如徐家寨、刘家院子、彭家寨。但是，因为规模不大，和苗寨聚落比起来，它们占山的意象没有那么突出，它们都在居住的组团周围打理着面积不大的田地。

土家族聚落的地形大致分成三种类型。一是山腰台地型，比如刘家院子，一般只有两到三个。二是山坡跌台型，成台状层级分布，如来凤的徐家寨是一个极端，上下有十个台次。三是河谷山脚型，土家族少数河谷地带也有不占山地的聚落，沿河布局，河上架索桥（软桥），形成河、桥、田、寨子、后山的地形环境。给我印象最深的，是宣恩县高罗乡的龙潭河两岸。

著名大水井李氏庄园群，目前在利川境内保留着"李亮清""高仰台（李盖伍）""洋沱坝"三组。其中，"李亮清""高仰台（李盖伍）"就是山腰台地型，"洋沱坝"则是河谷山脚型。

（二）格局肌理：分台架屋，自由组织，竹木绕院

土家族寨子选址在山麓或山坡，按照等高线先处理成台地，民居住屋沿着台地立柱架屋，形成叠台上的层层吊楼。绝大部分村落没有设置祠堂，因此组织结构比较松散。我们看土家族寨子，形态固然协调整齐，但实际上是缺乏中心的，这一点与苗寨围绕铜鼓坪的格局也有区别。

土家族山寨聚落，房屋布局较为灵活，没有明显的边界与中心，人为规划的痕迹不多，完全顺应自然地形地物，或是分阶筑台、临坎吊脚，或是悬崖构屋、陡壁悬挑，适应复杂的地形条件。

一些比较大的土家族的寨子，寨前寨后一般种植高大的古树，比如咸丰刘家院子和来

凤徐家寨，其中徐家寨寨前有一片绵延的古树林。除此之外，临近建筑的地方多种竹子。大多数寨子规模比较小，寨子周围的古树和竹林所占比例就显得比苗寨更加突出。

比如唐崖河边的村落，古树、杨泗庙、亭子、晒坝、民居；比如龙潭河边的村落，软桥(索桥)、廊桥、晒坝、民居……都有着类似的格局。

二、案例赏析

(一)咸丰县刘家院子

刘家院子位于咸丰县高乐山镇杉树园村二组，在唐崖河边的山腰上。从这个当地人给的名字来看，土家人不仅仅喜欢住"楼上"，还喜欢住在"院子"里。(见图4.1、图4.2、图4.3、图4.4)

村落的环境也形成包围式的场坝，周围有"神树"和竹林拱卫。虽然杨泗将军庙和亭子都已经被毁掉，但仍然看得见旧址，这是村落格局完整的标志。土家聚落周围的山水自然都被赋予了神性的力量。

图4.1　咸丰刘家院子整体外观

图 4.2　咸丰刘家院子远眺

图 4.3　咸丰刘家院子院落

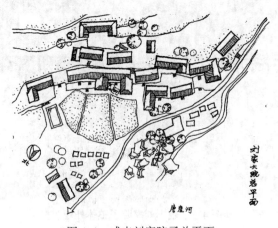

图 4.4　咸丰刘家院子总平面

(二)宣恩县彭家寨

彭家寨位于宣恩县沙道沟镇两河村，它以前有一个更好听的名字——凉亭村，指的是村旁小溪上有一座廊桥(当地称凉亭桥)。它和汪家寨都位于水(龙潭河)的一侧，桥(软桥)、田、宅、山几种元素，一目了然。(见图4.5、图4.6、图4.7)

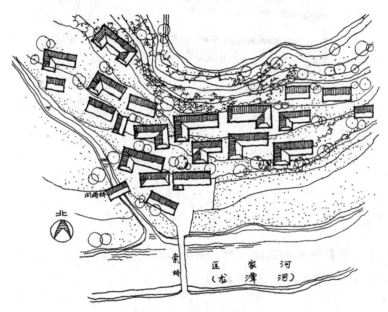

图4.5　宣恩彭家寨总平面

图4.6　宣恩彭家寨远眺

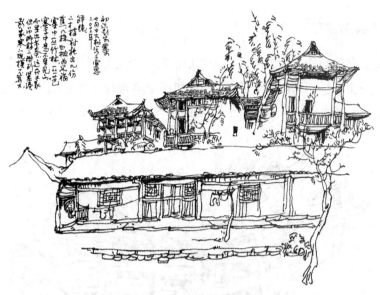

图4.7 宣恩彭家寨外观

(三) 宣恩县汪家寨

汪家寨位于宣恩县沙道沟镇两河村，房屋从山腰延续到山脚。水、桥（软桥）、田、宅、山是构成村落的主要元素。（见图4.8）

图4.8 宣恩汪家寨远眺

第三节　土家建筑特点——转角木楼唱风流

一、基本特点概述

（一）历史渊源：远古孑遗

土家族的建筑特色是吊脚楼，底层架空，楼上住人，又称楼居，属于干栏建筑形式，最早是由巢居发展而来的，是与自然环境的另一种结合，适宜于南方地势低洼和潮湿地区。这种形式在土家族、苗族、布依族、侗族地区十分普遍。

吊脚楼在土家族地区又称"转角楼"。为什么叫转角楼呢？因为土家族的吊脚楼，并不是整体地采用楼居，而是主房落地、厢房架空，形成一种半楼居、半地居的"半干栏"建筑形态。正是因为厢房被架空，正房到厢房转了九十度的角，而且在厢房端头又设置悬挑的拐角阳台（土家叫走栏），这个部位的吊脚楼，形态上有两处拐角，通透流畅，于是叫作转角楼。

这里要讨论所谓的吊脚楼的"吊"，核心特点是指厢房除一边靠在实地和落地的正房相连之外，其余三边皆悬空，靠柱子支撑。这里说的悬空，也正是指那个外挑的阳台走栏，因为只有它才是地地道道的"吊"。

这种建筑形式常常被解释是为了少占地、隔湿瘴、避虫蛇——这种说法当然是有道理的，看看土家人生存的环境，就可以理解这种建筑形式的确是一种"环境适应性"的结果——但是我们不妨比较一下，为什么汉族人的山居没有采用这种建筑形式呢？因此，我们还要从文化继承和民族习俗上去找原因。土家人的祖先是巴人，土家吊脚楼的历史可以上溯到巴人。上古的巴人以干栏为居室，干栏又称高栏、阁栏、麻栏，就是底层架空的房屋。这样说来，土家吊脚楼算是一种远古建筑形式的孑遗。

但是，土家吊脚楼，却基本上是尚未完成的建筑，因为土家人心中理想的建筑，还是四方的合院。每一幢吊脚楼，都隐藏着要生长的势头和留有增加体量的空间。

（二）房屋布局：层次错落，半围合

土家人比较亲近汉族，也愿意学习和接受汉族的文化。土家族吊脚楼由于受汉族文化的影响，出现了围合的建筑和明显的地楼方式，其中最明显的形式即三开间"一"字形房屋，中间为堂屋，必定落地，两头的两间视地形或落地或吊脚架起；最多见的是"L"布局，还有"凹"字形和"回"字形的房屋，都是从基本型发展而来的。（见图4.9、图4.10）

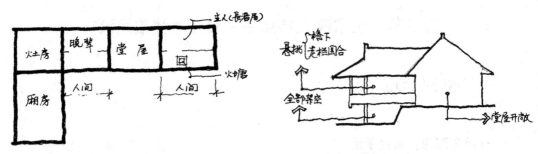

图 4.9　土家族民居平面空间分配　　　　　　　图 4.10　土家族民居竖向空间

　　虽然基本上主要房屋已经落地，但是，土家人仍然喜欢并眷恋着那个吊出的部分(吊脚楼)，当地有俗语"歌儿好唱难起头，木匠难造转角楼""吊脚楼上枕一夜，十年做梦也风流"。他们以修造和居住吊脚楼为骄傲。

　　半干栏用于坡地的独特方式，体现出干栏无论是单体还是组群在高差大的地方的优良适应性，而且解决了全干栏的建筑与地面联系不便的问题，争取了较大的活动自由度。这种适应性还体现在建筑可以不断地生长(见图 4.11、图 4.12)——从一字屋、钥匙头、三合水、窨子屋，一直到冲天楼，终于实现了完全的围合。换句话说，土家人只有完成了吊脚楼建筑的完整围合，建筑才算真正完成了。

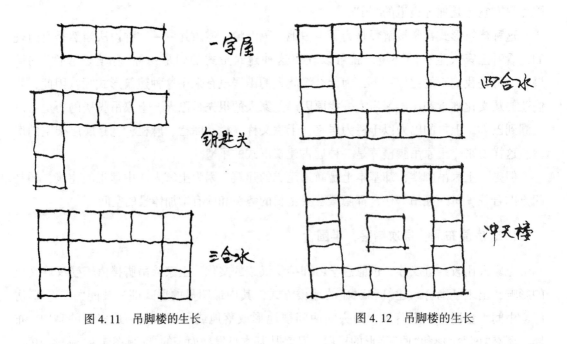

图 4.11　吊脚楼的生长　　　　　　　　　　图 4.12　吊脚楼的生长

1. 一字屋

三开间"一"字形房屋，中间为堂屋，必定落地，左右两头的两间也落地。(见图
4.13、图 4.14)

图 4.13 一字屋外观

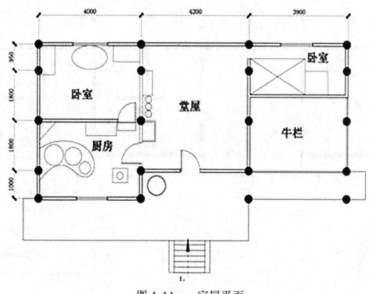

图 4.14 一字屋平面

2. 钥匙头

钥匙头也可称为"一头吊"或"单吊式"。它的特点是，只正屋一边转角出厢房并伸出悬空，下面用木柱相撑。（见图 4.15、图 4.16）

图 4.15　钥匙头外观

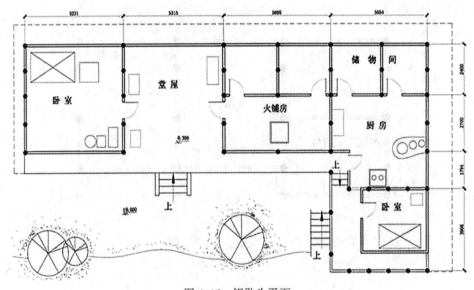

图 4.16　钥匙头平面

3. 三合水

三合水又称为"双头吊"或"撮箕口"，它是单吊式的发展，即在正房的两边均转角出厢房并伸出悬空。（见图 4.17、图 4.18）

图 4.17　三合水外观

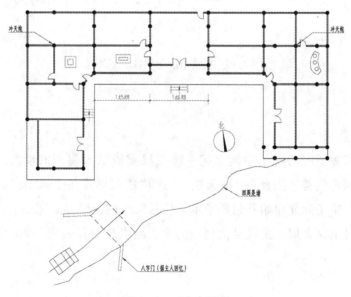

图 4.18　三合水平面

4. 窨子屋

窨子屋又称四合水式(见图4.19)，是在双吊式的基础上发展起来的。它的特点是将正屋两头厢房吊脚楼部分的上部连成一体，形成一个四合院。两厢房的楼下即为大门，这种四合院进大门后还必须上几步石阶，才能进到正屋。它和汉族的四合院相比，最大的特点是二楼悬挑的通廊。(见图4.19)

图4.19　恩施市滚龙坝窨子屋外观

5. 冲天楼

在四合水式窨子屋的院子中间立起一座三层重檐歇山屋顶的楼阁，突出两边的屋顶，非常壮观和有气势，因此叫"冲天楼"。这种建筑形式在土家地区存留的实例非常少，目前分别有位于湖北建始县景阳镇革坦坝村二组的新镇向家老屋、湖南龙山县苗儿滩镇的树比古村王家老屋。来凤县大河乡的牛王庙也是这样一座"冲天楼"形式的建筑。(见图4.20)

图 4.20　来凤县大河乡牛王庙冲天楼外观

6. 火塘

　　火铺、火塘是土家民居室内必设的空间，是烤火、做饭的地方。有的人家专门设有火铺，火铺比室内地坪高出约二尺，以木地板铺满火塘间三分之二地面，余下三分之一为土地面。有的人家不设火铺，只在火塘间地面挖一方形土坑后，四周挡以条石，即火塘。火塘中放三脚铁架，里面用土填实，中间烧火，火上吊鼎罐，火塘上放置炕架，四面用木板或条石做成框，做炕腊肉、炕豆腐、炕湿物用。火塘平时用于烤火取暖或煮饭、熏肉、烧水，周围摆若干木凳。过去土家人"望天收"，生活贫困，而且土家木板屋子一般不保暖，所以吃饭保暖是大事。火塘是一家人围坐吃饭的地方，火塘的火也是一家生计之火，象征着种族香火兴旺绵延，因此需要火塘的火终年不熄，搬迁新房的时候，同时还要举行迁火仪式。（见图 4.21）

图 4.21　火塘

7. 厅堂檐下空间

土家的建筑出檐比较大，檐下可以作储藏空间。(见图 4.22)

图 4.22　厅堂檐下储存空间

(三)外部造型：黑瓦木壁，突出龛子

吊脚楼屋顶为悬山坡屋顶，用黑色布瓦，结构用木柱，墙壁用木板围护，外部有深远的出檐，分出台次和楼层，层次分明；围成院坝，形态舒展。其中最鲜明的形象是突出在厢房端头的龛子。（见图4.23、图4.24、图4.25、图4.26）

图4.23 宣恩当门坝龛子

图4.24 宣恩彭家寨龛子

图4.25 咸丰刘家院子刘十安宅龛子

图4.26 咸丰唐崖司村龛子

龛子又叫签子，即转角厢房，是土家吊脚楼最精彩的部分，形象醒目突出。它由立柱支撑楼板，二层楼阁式的厢房，平面上一般垂直于正屋。龛子一般是安排给未嫁女或用来接待客人住的小阁楼(土家称绣房或姑娘房)，也有的是在正屋建好后因子嗣增多才加建的部分。龛子在吊脚楼转角突出的端部，也就是局部“吊”处，下部或堆放碓磨、杂物，或蓄养猪牛，或用作碓磨坊，或作行人通道。吊脚楼上面外设走廊，是一个悬挑出去的由两面或三面栏杆包围的观景走廊，两面称“转角楼”，三面称“走马楼”，统称“走马转角楼”。走廊上放有桌椅板凳，闲时，主人可在此休闲、饮茶、赏景。围栏主要为直栏杆样式，也有少数做成向外斜出的美人靠。栏杆转角都有不落地的悬柱(垂柱)，悬柱(垂柱)下端吊有吊瓜(垂花)。大多数式样简洁，少数有瓜棱纹。

龛子既有复杂的构成和丰富的造型，又有稳定、安全的形式。龛子正面其实就是转角厢房的山面，本来也是悬山形式，因为两面坡顶的挑檐之间加了一个向正面坡的雨搭(当地称檐排子)，一部分悬山屋顶的两面挑檐部分在与雨搭相同的高度向山墙雨搭方向伸长斜出，和雨搭交接连贯，之间形成了岔脊(戗脊)。其形象类似官式建筑“歇山”顶，称为“罳檐”。其上部“山花”部分，在鄂西土家俗称“鸦雀口”，均暴露构架，以便通风。

龛子这种造型各异的转角楼端部，是土家族民居共同的标志，是区别于其他少数民族的符号。它反映出飞升、轻盈、灵巧的造型特点。东方文化的精神，神性的精神，很大程度上与崇鸟的信仰有关。土家吊脚楼从起源直至发展和传承，从精神文化到物质文化，都深深地打上了崇拜鸟的审美追求的烙印。

二、案例赏析

(一)咸丰县高乐山镇刘家院子

1. 刘十安宅

从这里看出吊脚楼的外部形象是鲜明的黑瓦木壁，还分出屋顶阁楼、楼上、楼下，上中下三个层次。阳台部分是一个悬挑在外的通廊，而且，咸丰县境内的吊脚楼，屋角是起翘的。(见图4.27)

2. 刘建国宅

厢房转角楼悬空，才有吊脚楼的称谓，但是刘建国宅这个龛子在原本应该悬空的柱子下面又支撑了两根柱子，应该是主人认为原来的阳台悬挑太多，害怕倾覆，特意后加的。这显然使得这座吊脚楼浪漫轻盈的形象打了折扣——但屋顶的大悬挑，屋角的起翘，特征仍然很鲜明。(见图4.28)

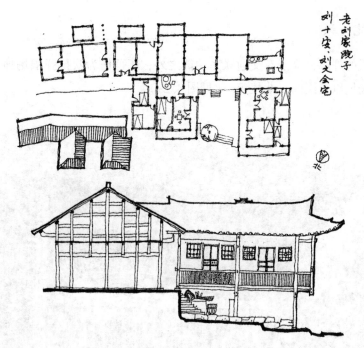

图 4.27 刘家院子民居一：刘家老院子

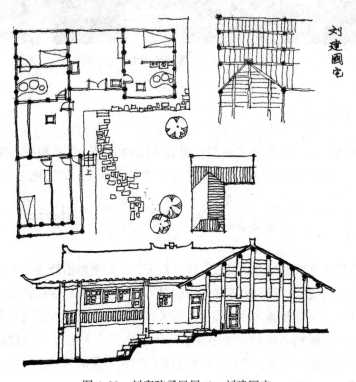

图 4.28 刘家院子民居二：刘建国宅

3. 刘十安宅走栏

吊脚楼通透的外廊，除了有交通联系功能之外，还可作为吹拉弹唱场地、男女对歌场地、做针线活场地以及闺阁、戏楼等。（见图4.29）

图4.29　咸丰刘家院子刘十安宅走栏

4. 刘家院子厅堂

土家族民居的厅堂一般对外不设门，形成开敞的堂屋，供奉祖先，敞气通风。这一点，与汉族天井式民居的厅堂面向天井敞开有着共同的理念，即天地之间气流贯通。（见图4.30）

5. 刘家院子

我曾带领学生在这里进行测绘实习，连续八天。我们坐船沿唐崖河来这里，中午坐在走廊上休息。对吊脚楼上空间的尺度和景观的视野，体会很深。在那样荒僻的深山和艰难的生活条件对比下，浪漫奢侈的吊脚楼建筑形式简直是一个反衬。经济和文化相对落后的土家人的居所绝不是低矮阴暗的土砖茅屋。它营造出了一方有尊严的领域，天地人神共在。他们希望自己宽敞、飞扬、遮蔽……他们延续的是古老的精神，他们保持的是营造的密码，他们是深山里的骄子。（见图4.31）

图 4.30　咸丰刘家院子厅堂

图 4.31　咸丰刘家院子远眺

6. 刘家院子吊瓜柱头

　　吊瓜柱头是吊脚楼的重要细节，原本是上层走栏不落地柱子的收头。吊瓜柱吊的是瓜，是生殖崇拜的象征，希望瓜瓞连连，子孙不断。那个尚未雕琢完的柱头，说明了土家人民生活条件的艰苦，也说明他们的建筑"未完成"——还可以理解为土家人的幽默。（见

图 4.32）

图 4.32　咸丰刘家院子吊瓜柱头

（二）宣恩县高罗乡张家寨张贤禄宅

高罗乡旁边的张家村有一个典型的三合水院子，这个院子分给兄弟两家居住。显然，它的屋角檐口平缓，相比咸丰县的吊脚楼屋角，不起翘。这是各地不同特色的反映。（见图 4.33、图 4.34）

图 4.33　宣恩张家寨张贤禄宅庭院

图 4.34　宣恩张家寨张贤禄宅

(三)宣恩县彭家寨

1. 彭家寨吊脚楼走栏

行走在悬空的走廊上,容易激发人们浪漫轻盈的想象。(见图 4.35)

图 4.35 宣恩彭家寨吊脚楼走栏

2. 彭家寨伞把柱

伞把柱是保证房屋正房和厢房顺利转角的重要结构,位于正房和厢房交接处的"磨角厢房"当中,分别支撑正房和厢房的檩、枋。清晰的结构不仅是房屋牢固的保证,而且还反映了生活生命存在的合理与稳固。(见图 4.36)

图 4.36　宣恩彭家寨伞把柱

3. 彭家寨唱歌的老人

空旷的山谷，呜咽的歌声。在这里，唱歌就好像日常的对话，这是特定环境里人们养成的特定习俗。土家民歌是对重重大山、艰难生境压迫下人性的张扬和回应。(见图4.37)

图 4.37　宣恩彭家寨里对歌的老人

（四）来凤县大河乡

1. 牛王庙

牛王庙是民间崇拜特色的小庙，典型的冲天楼形制。像这样的建筑，我们无法解释它是如何"少占地"的。（见图4.38、图4.39）

图4.38 来凤县大河乡牛王庙

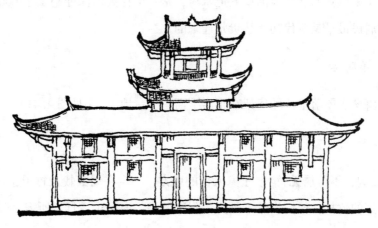

图4.39 来凤县大河乡牛王庙

2. 大河乡板凳挑

板凳挑是吊脚楼檐下的支撑构件，即出挑大挑的枋下增加一个"夹腰"，夹腰水平出挑，上立短柱，称"吊起"，吊起顶头支檩，支撑屋檐的重量。这种挑托构件与斗拱有着异曲同工之妙，其使用简单的结构解决了屋檐出挑深远的受力问题。（见图4.40）

图4.40 来凤县大河乡板凳挑

（五）来凤县徐家寨

徐家寨位于来凤县西北部大河镇五道水村，是一个在大山深处隐藏了600多年的土家聚落，这里的居民最早是明代初年从贵州迁来的。

1. 单吊式吊脚楼

单吊式吊脚楼正屋落地，厢房架在正房下面一个台地上。（见图4.41）

2. 民居厅堂

"宁可食无肉，不可居无竹"。土家人住的地方，一定在周围栽上竹子，开敞的厅堂往往就面对着自家的竹林，他们当然不是为了附庸风雅，而是生活日常所需。（见图4.42）

图 4.41　来凤徐家寨单吊式吊脚楼

图 4.42　来凤徐家寨民居厅堂

(六)龙山县咱果乡

1. 路边吊脚楼

这种一头吊转角的吊脚楼叫作钥匙头。可以看出来，这座建筑并不是一个完整的意象。(见图 4.43)

图 4.43 龙山咱果乡路边吊脚楼

2. 平地起吊

平地起吊这种形式的吊脚楼建在平坝中，按地形本不需要吊脚，却用木柱将厢房抬起。木柱落在正屋所在的地面上，使厢房高于正屋，楼下留出一个活动空间。(见图 4.44)

图 4.44 龙山咱果乡平地起吊吊脚楼

我们说吊脚楼是对山区地形的适应，这只是问题的一个方面。因为即使是在地形复杂的山区，比如湖南西部的龙山县，也普遍存在不起吊或在平地起吊者，即吊脚楼支撑用木柱所落地面和正屋地面平齐，使厢房高于正屋的村落和民居类型。形成的形象特征就是，正房一层，厢房二层。而不是像那些利用地形高差起吊的吊脚楼，从民居围合形成的曲尺型院坝内看起来，正房和厢房同为一层标高。

平地起吊的例子证明了建筑遗传的重要性，即它保持了祖先的居住和建筑习惯，而与山地的地形起伏没有绝对对应关系。

3. 调查土家语

土家语是濒临灭绝的少数民族语言，是土家族文化活化石。土家语把吊脚楼称为"聂嘎厝"。土家地区至今保留着许多土家语地名，比较有名的有"革勒车""讨火车""涅车坪""车洞河""车坝""车路坝""车落洞""舍米糊"，等等。

(七) 利川市鱼木寨

鱼木寨位于利川市谋道镇，2006年公布为全国重点文物保护单位。鱼木寨明初属龙阳峒土司，后归附石柱土司，明万历十四年（公元1586年）编籍万县，1955年划归利川。这里保存着古堡、雄关、古墓、栈道和民宅，尤其是数十座古墓石雕精湛，堪称艺术精品。土家人的多种居住方式在这里并存，包括土司墓葬、守墓人的院子、岩居等。

1. 鱼木寨门楼

鱼木寨寨顶地势比较平缓开阔，略呈椭圆形，形态貌如覆钵，易守难攻。整个古寨只有南面的一线山脊上的栈道出石门与谋道镇大兴场（村）相通，整体又类似于长柄的摇鼓——鼗鼓（俗称"拨浪鼓"），仅有一条2米宽的石板古道直通寨门门楼。寨楼突起于崇山峻岭中，两面悬崖绝壁，中间的门仅容一人通过。（见图4.45）

2. 鱼木寨墓园

鱼木寨上现存多座大型墓葬，多为生前所修生基，这些墓葬或建有完整的墓园构筑，或立有显赫的墓碑，均为整块石料上雕琢，精雕细琢，争奇斗胜。（见图4.46）

(八) 利川市大水井庄园、祠堂

大水井村位于利川市区柏杨坝镇，由"李氏宗祠"和"李氏庄园"两大建筑组成，分别建于清道光和光绪年间，总建筑面积12 000平方米。2001年由国务院公布为全国第五批重点文物保护单位。（见图4.47）

图 4.45　利川市鱼木寨门楼

图 4.46　利川市鱼木寨墓园

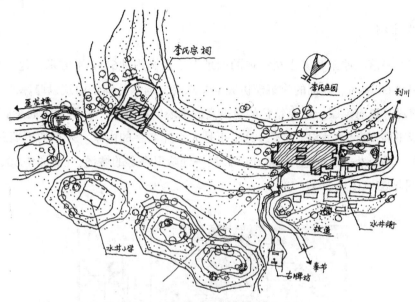

图 4.47 利川市大水井村总平面图

1. 李氏庄园

李氏庄园占地 6 000 多平方米,共 24 个天井、174 间房屋。大门为朝门,与庄园整体错开一个角度,形成"歪门斜道"。朝门对着远山的山口,是风水的讲究,大的构图上保证与天地环境的契合。朝门进去是 200 平方米左右的院坝,用平整的青石板铺就,二层前廊做成欧式拱券式样,东边四个拱券,西边三个拱券。前廊中间进去,是庄园中轴线,从前至后分别是两进三重厅堂。中轴一纵建筑的两侧,做成走马转角楼的形式。建筑充分体现了土汉结合、中西合璧的风格。(见图 4.48、图 4.49)

图 4.48 利川市大水井李氏庄园外观

图 4.49 利川市大水井李氏庄园庭院

2. 李氏宗祠

李氏宗祠坐落在原来黄家土司寨堡的旧址上。宗祠占地6 000平方米，建筑面积3 800平方米，房屋60余间。宗祠的建筑模仿成都文殊院，祠堂外围依山筑以厚厚的石砌围墙，石墙上有堞垛，还有炮眼。最有特色的是高高的围墙向前延伸，将祠堂正面东侧的小井包进来。围墙正面刻有"大水井"三字，这也正是大水井名字的由来。宗祠的围墙总长约400米，高8米，厚3米，设枪炮孔108个，俨然一处防卫森严的城堡。（见图4.50、图4.51、图4.52、图4.53、图4.54）

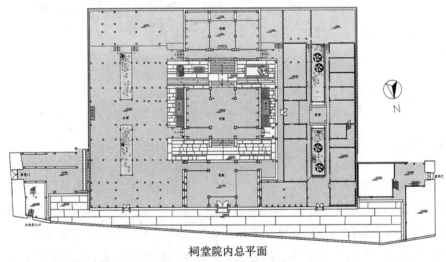

祠堂院内总平面

图4.50 利川市李氏宗祠平面

图4.51 利川市李氏宗祠外观

图 4.52　利川市李氏宗祠鸟瞰

图 4.53　利川市李氏宗祠山墙

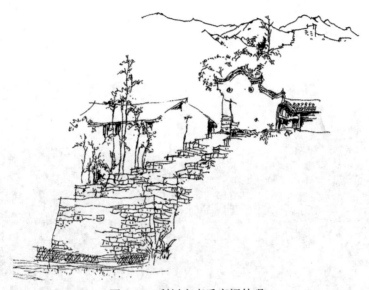

图 4.54　利川市李氏宗祠外观

　　整个宗祠包括前面的祭祀建筑和后面的围墙寨堡两大部分。建筑部分坐南朝北，中轴对称，布局规整。中轴线上依次设置着三进主要建筑，分别是前厅、拜殿和祖殿。东西两侧是带两个小院的厢房。前厅位于中轴线上，正面砖墙，外墙为隐壁牌楼，四柱三间五滴水式样。面阔三间，明间开为李氏宗祠的正门。

　　大水井这一组建筑，是清代湖南人来此以后营建的，文化和财富的极端成果体现在建筑。它糅合了土家和汉族建筑的很多特征，还吸收了西方建筑的一些元素。大水井李氏庄园，中间是正房，一纵三重，前面有一个前院，朝门(院门)偏向一侧。二层柱廊的大门是典型的欧式建筑做法。两边是架空的木构楼房，俨然一个放大了的吊脚楼。

第四节　画意与审美

　　土家寨子躲在武陵大山里，守护着土家文化的面貌。吊脚楼木质的骨骼，一直等待着把楼屋围起来，一直重温着摇摇欲坠的凌空之梦。

　　土家族人自己盖房子，是非常有意义的事情。自己盖和请人盖，首先是经济实力的差别，同时也决定了分工，决定了建筑的工艺和质量。这也使得土家族建筑工艺仍然保持着比较原始的状态。

　　土家人也希望将建筑围合起来，虽然绝大多数家庭穷其一生也没有实现。但是，架空和围合这两方面并不矛盾，或者说很早就解决了这个问题。我们比较一下徽州的天井楼居，其实与土家族的窨子屋有着某种形式上的相似和关联。

我们在赞赏土家族吊脚楼对外突出的转角阳台(龛子)的飘逸时,有没有想过这些房子其实多是半成品,是盖房人不断期待生长的建筑呢?

1. 风貌与内涵总结

建筑不仅能反映人对生存环境的适应,也反映了居住者的文化背景和精神面貌,村落则是一组居住者的社会关系和精神面貌的总和。土家聚落是中国西南少数民族传统聚落的一个重要构成,虽地处荒僻,生境困难,但仍保持着对理想生活和居住艺术的追求。它们在选址、布局,建筑类型、建筑工艺上,显示出鲜明的便宜性和适宜性,反映土家族特定的社会观念和技术水平。作为散居型山地聚落和民族聚落的重要类型,和山地围合型干栏建筑,是一项重要的历史文化遗产。

5. 水墨画特征要素

土家的聚落,借助层叠的地形,黑瓦、褐木原色的厚重,吊楼的空灵,相得益彰,龛子的造型,层叠出现,节奏鲜明,构成了另一番韵味的水墨画面,粗犷而质朴,空灵疏落,而添一份野趣和异乡情调。西南山区的寻常人居,没有砖石包裹而裸露木架的建筑和聚落,反而更接近明代以前的古画情景。而土家文化厚重的历史、独特的民族民俗及其湮灭乃至神秘的背景,正是土家古村落水墨画的内涵和审美意境的注解,比如彭家寨和张家寨。(见图4.55、图4.56)

图4.55 彭家寨远眺景观

图 4.56 张家寨远眺景观

3. 审美经历与体验

二十多年来对土家的探访与思考，尽管没有什么宏大的结论和成绩，但身临其境的体验没有辜负我对那一片土地的向往。反过来，一次次实地的触摸、触动也不断破除我的狭隘和空虚。置身依傍武陵山水的土家古村落之中，稀疏的布局、朴素灵动的木楼建筑、敞开的院子、没有过多遮盖的人居空间、简朴的生活、未经打磨的山水田园、酸辣的菜肴和熏肉的烟火味、土家山歌的悠扬呜咽……不够精致，甚至还存有几分荒凉，处处显示轻松随意，使人处处感觉浪漫亲和，这一点是土家族村居给我的深刻印象。

第五章
江南水乡：斯文优雅，六朝遗风

第一节　地理与文化背景——杏花春雨润泽环太湖人家

　　江南地区因为气候温暖湿润，降水充沛，江河湖泊星罗棋布，盛产水稻与水产，形成了不同于北方的"江南水乡"风韵，体现在生活、文化、建筑、物产等各个方面。江南水乡的民居以苏州、绍兴最具代表性。

　　"江南"的含义在古代文献中是变化多样的。它常是一个与"中原"等区域概念相并立的词，且含糊不清。从历史上看，江南既是一个自然地理区域，也是一个社会政治和人文区域。根据历史传统和文化形成的大江南地区是苏南、皖南、上海、浙江、江西北部。江南核心区是"水乡江南"，是江南文明的一个生态型，因其位于平原泽国之上，故和山地江南、滨海江南相区别。又因其最具代表性，所以也被认为是狭义江南。

　　上海师范大学刘士林教授认为，自成一体的、具有独特的结构与功能的某种区域文化，通常具备两个基本条件：一是区域地理的相对完整性；二是文化传统的相对独立性。江南文化正是这样一种相对独立的区域文化。从审美文化的角度看，江南文化的本质是一种诗性文化。也正是在诗性与审美的环节上，江南文化才显示出它对儒家人文观念的一种重要超越。由于诗性与审美内涵直接代表着个体生命在更高层次上自我实现的需要，所以说人文精神发生最早、积淀最深厚的中国文化，是在江南文化中才实现了它在逻辑上的最高层次，并在现实中获得了较为全面的发展。

　　江南应该是一年去一次的地方，然而多年来并没有成行。显然，我是辜负了江南。

　　通过江南传统人居环境和建筑，我们读到的最深的印象是协调，因为它们保持着统一与精致。相反，我们今天的人居环境和建筑是相对杂乱与粗糙的、没有耐心和缺乏敬畏的。

第二节　聚落特点——离不开水的风景线

一、基本特点概述

1. 选址分布：苏浙沪，长三角，环太湖，平原水泊

水乡古镇古村分布在长江三角洲太湖流域的湖积平原，水网密布，土壤肥沃。人们定居在水网之间，既有灌溉之利，又有交通之便，因水成市，临水建屋，形成一个个定居点。（见图5.1、图5.2）

图 5.1　朱家角水巷

图 5.2　朱家角水上打鱼人家

2. 布局肌理：石墩水网，小桥流水，枕河人家

欣赏水乡聚落，既要欣赏它紧凑的布局，又要欣赏它多姿的桥。

这里有桥、水、路、屋等成组的元素，具有律动的节奏、流动的美感。桥是串联这些景观元素的纽带。

二、案例赏析

江南水乡的典型案例有周庄、角直、同里、朱家角、西塘、南浔、黎里等。

1. 昆山周庄

周庄，位于苏州省昆山市，是江南六大古镇之一，于 2003 年被评为中国历史文化名镇。周庄始建于 1086 年(北宋元祐元年)，因邑人周迪功先生捐地修全福寺而得名。春秋时为吴王少子摇的封地，名为贞丰里。(见图 5.3)

图 5.3 周庄水巷

周庄的面积仅 0.47 平方公里，宛如一座小岛。周庄镇 60%以上的民居仍为明清建筑，重要的历史建筑有沈厅、张厅等 60 多个砖雕门楼的民居院落。

"小桥流水多，人家尽枕河。"周庄多水也多桥，有"双桥"（永安桥、世德桥）、贞丰桥、富安桥（见图5.4、图5.5）、太平桥、保平桥、梯云桥、蚬园桥等。咫尺鸿沟、石梁架桥，空间崎岖、小而有法。

图 5.4　周庄富安桥

图 5.5　周庄富安桥

欧阳修的"思乡忽从秋风起，百蚬莼菜鲈鱼羹"，指的便是晋人张翰退隐周庄"莼鲈之思"的典故。"上有天堂，下有苏杭，中间有个周庄"。周庄是江南水乡古镇之中的代表。

2. 上海朱家角

朱家角镇，隶属于上海市青浦区，1991年被列为上海四大历史文化名镇之一，2007年被评为第三批中国历史文化名镇（村）。宋元时期渐成小集镇，名朱家村。元初至元二十九年（公元1292年），分属于华亭县、上海县、昆山县。明嘉靖二十一年（公元1542年），分属于青浦县、昆山县。明万历四十年（公元1612年），遂成大镇，改名珠街阁，又名珠溪，俗称角里。（见图5.6）

朱家角保留着课植园和珠溪园、城隍庙和关王庙（报国寺）、清代名人王昶纪念馆、柳亚子别墅（福履绥祉）等历史建筑。还有放生桥、泰安桥（何家桥）、平安桥（戚家桥）、福星桥（西栅桥）、永丰桥（咏风桥）和廊桥（惠民桥）等古桥；古镇北大街，又称"一线街"，是上海市郊保存得最完整的明清建筑第一街。

3. 浙江西塘

西塘镇，隶属浙江省嘉兴市嘉善县，位于苏浙沪三地交界处，古名斜塘，在春秋战国时期是吴越两国的交壤之境，素有"吴根越角"和"越角人家"之称。2003年10月被列入第一批中国历史文化名镇。(见图5.7)

图 5.6　朱家角泰安桥

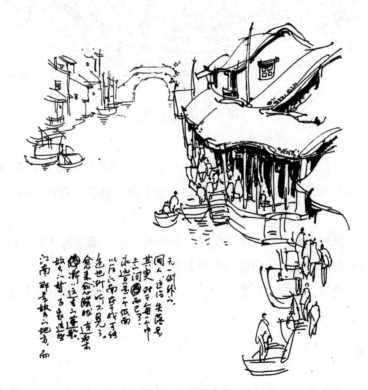

图 5.7　西塘水岸

西塘有三大特色：桥多、弄多、廊棚多。西塘至今保存着1 300多米长的廊棚。临河而建的沿街廊棚是一种连接河道与店铺又可遮阳避雨的建筑形式，是西塘最具特色的外部空间。重要的历史建筑有当代名人倪天增的祖居、西塘西园、种福堂王家的宅第。

西塘著名的桥有环秀桥、进利桥（见图5.8）、望仙桥、卧龙桥、五福桥、送子来凤桥、安境桥、永宁桥、卧龙桥等。其中环秀桥建于1581年（明万历九年），跨当年的小桐、北翠两圩，是西塘镇上最早的高桥。

图5.8　角直进利桥

东西走向的西街是西塘主要街道，有上西街和下西街之分。石皮弄在西塘镇下西街，种福堂西首，是夹在两幢住宅之间的露天弄堂，建于明末清初。弄深而窄，石薄如皮，故名石皮弄。

桥还拉出了景深和视角。河流上其实是另外一种生活，流动的生活，说走就走。

稠密的人口和聚居的方式，营造出集中的竖向空间。

水乡的界面和空间，是能工巧匠所为，也是文人士绅所为，依赖于江南这块富饶之地生活的富足和社会的安定。

4. 苏州黎里

黎里古镇地处江苏省苏州市吴江区东南部，位于江苏、浙江、上海两省一市的交汇处。古镇历史悠久，文脉厚重，距今已有2 500多年的历史了，最早可以追溯到春秋时期。黎里古镇曾名为梨花里，因为旧时村中有很多梨花，盛开之时，纷纷扬扬，好一番胜景。

（见图 5.9、图 5.10、图 5.11、图 5.12）

　　清代诗人袁枚在《黎里行》中写道："吴江三十里，地号梨花村。我似捕鱼翁，来问桃源津。"短短数字，道尽黎里的诗情画意。

　　黎里内部有一条河穿过古镇，这条河为市河，也叫黎川河。因为先人们从最初的临水而居，到后来的靠水为市，商品交易促进了古镇的发展与繁荣，因此人们把古镇内的这条河称为市河。

图 5.9　苏州黎里陪弄

图 5.10　苏州黎里民居内部

图 5.11　苏州黎里古桥

图 5.12　苏州黎里亲水民居

　　黎里现存有16万多平方米的历史建筑，这些建筑沿着河流呈"丁"字形分布，其中大多是黎里的古民居。因为河流穿镇，黎里的民居大部分沿河岸而建，但也有一些民居散落在古镇的街巷内部。黎里现存较好、格局完整的民居主要有：柳亚子故居、徐达源故居、退一步处、闻诗堂、沈宅、楼上厅等。柳亚子故居原本为清代周元理的私宅，后来柳亚子租住于此，这处宅院也就成为他组织民主活动、抒写爱国之诗的根据地。（见图5.13、图5.14、图5.15、图5.16）

图5.13　苏州黎里柳亚子故居大门

图5.14　苏州黎里柳亚子故居

图5.15　苏州黎里民居楼上厅

图5.16　苏州黎里民居楼上厅卧室

第三节　建筑特点——尺度小巧，尽显优雅

一、基本特点概述

1. 外部造型：黑瓦砖墙，小巧玲珑

这里的建筑由简单的布瓦、砖墙、木壁、格窗构成，色彩更是黑白素雅。建筑采用硬山两坡屋顶，因为多数建筑为二层，所以，在一层檐口处设腰檐屋顶，形成前后错落的层次。

体量轻巧、造型简洁、虚实有致、色彩淡雅，层次丰富的建筑，临河贴水。或从水上，或从街上，都可看出它们高低起伏、错落有致组合的轮廓和界面，富于韵律和灵动的美感。

2. 房屋布局：纵深庭院，底厅楼卧

水乡集镇的建筑主要沿河沿街布置，正面朝街，背面朝河。进深比较大，尽量争取朝南或者商业门面的土地，因而产生往纵向发展的多进式及几落多进式建筑群，建筑面宽多不大，内部形成逐进封闭性院落布局。而且为了争取更多空间，这里的建筑基本上都有楼居，除了一楼的厅堂之外，在二楼还设置了厅堂和居室，这是由水乡集镇地狭人稠的客观条件决定的。(见图5.17)

图5.17　苏州山塘街

水乡民居的庭院是民居中日常起居使用最多的空间，是主人读书作画、吟诗赋词、听曲抚琴或会客宴宾的重要场所。围绕庭院还发展出花厅、书房等空间，主人通过精心构思和灵巧布局，引入峰石、树木、花草、水体等自然要素，创造出诗情画意的庭院景象。

二、案例赏析

(一) 周庄沈厅

沈厅是周庄最知名的宅第院落，它位于周庄富安桥东堍南侧的南市街上，坐东朝西，七进五门楼，大小房屋共有一百多间，分布在一百米长的中轴线两旁，占地两千多平方米，为国家级重点文物保护单位。沈厅原名敬业堂，清末改为松茂堂，由沈万三后裔沈本仁于清乾隆七年(公元1742年)建成。(见图5.18、图5.19)

1. 整体布局

沈厅有前、中、后三段，入口的水墙门和门前的河埠是沈厅的前段，河埠边停有船只，妇人们在岸边浣洗，这也是江南水乡的特色；进入沈厅，中段由墙门楼、茶厅和正厅组成，江南人家在此处宴请宾客，举行婚丧大事；沈厅的后段是小堂楼、大堂楼和后厅屋，是主人日常起居的地方。沈厅的平面格局比较典型，为"前堂后厅"式，前段和后段的建筑之间由过街楼或过道阁连通，使得整个沈厅连通成一个整体的走马楼。

图5.18 沈厅院子(网络照片)

图 5.19 沈厅厅堂(网络照片)

2. 建筑特色

松茂堂位于七进厅堂的中间，占地达一百七十平方米。松茂堂的正厅面阔宽大，前面还设有轩廊，进深为七檩，平面近似于正方形。正厅两侧为次间屋，在前后厢房间用楼相连。除了一些六檩和七檩的为单坡屋面外，建筑的屋面大多是双坡硬山顶。

沈厅内部的柱子和梁架非常粗硕，上面刻有不同主题的纹饰，有麒麟、飞鹤、蟠龙等。在厅堂正中的匾额上，有清末张謇写的三个大字"松茂堂"。

正厅对面的三间五楼式门楼最为精美，高为六米，门楼上部有砖雕飞檐，飞檐下承有砖料斗拱，门楼的下部是紧凑精美的五层砖雕。两边贴有垂莲柱。正中的匾额上有"积厚流光"几个大字。门楼的砖雕元素多样，有人物、走兽和亭台楼阁等，也有一些戏文的片段。雕刻的线条流畅，人物惟妙惟肖。更让人称奇的是，每块砖上的雕刻均有前景、中景、后景之分，可谓是巧夺天工、构思精妙。

大堂楼和前厅的建筑风格各有千秋，大堂楼内部的柱子和梁架较为厚重，室内的建造非常考究，栏杆和窗棂的工艺细腻，地板多为长达六十厘米的单幅松板。

(二)周庄张厅

张厅坐落在永安桥旁边，始建于明代，原名为怡顺堂，清代转让给一户张姓人家，并且更名为玉燕堂，是周庄典型的民居形式。张厅占地面积达1 800多平方米，前后共有七进，屋子多达70余间。张厅旁有一条名为"旁箸泾"的河流穿屋而过，独具水乡特色。

1. 厅堂

穿过门厅，就是张厅的厅堂了。厅堂前部有一个小巧的天井，两侧的厢房比厅堂低矮。厅堂内部宽敞明亮，柱子粗壮，建造工艺细腻，其中庭柱下有着木鼓墩，这是明代建筑的典型建造手法。张厅内部放置着古朴的红木家具，墙壁上装饰有书画以及对联，其中上联是"轿从门前进"，下联是"船自家中过"。对联的内容与张厅的建筑布局十分契合。（见图5.20）

图5.20　张厅厅堂（网络照片）

2. 陪弄

陪弄是供家人出入的小道，因为在旧时，只有在婚丧嫁娶或者宴请宾客之时，才会开启大门。张厅的陪弄在厅堂的东边，从外向内望去，显得幽深狭长。

3. 花园

张厅的后院有一个闲适素雅的小花园，花园内部有一块形态奇异的太湖石，太湖石浑身雪白，晶莹剔透。太湖石的顶部形态犹如飞燕，因此而得名为"玉燕峰"。（见图5.21）

图 5.21 张厅后院花园(网络照片)

(三)苏州玉涵堂

玉涵堂俗称阁老厅，是明朝礼部尚书吴一鹏古居，占地面积约 5 000 平方米，建筑面积约 6 000 平方米。玉涵堂是苏州城外唯一一座明代建筑，其名取"君子于玉比德"之意，把玉比喻为修身的道德标准，体现了主人崇高的道德准则。(见图 5.22、图 5.23、图 5.24)

图 5.22 苏州山塘街玉涵堂民居大门

图 5.23　苏州山塘街玉涵堂民居天井

图 5.24　苏州山塘街玉涵堂民居后院

(四)朱家角城隍庙

朱家角虽然只是一个集镇，但却拥有自己的城隍庙。青浦城隍行宫位于朱家角镇中，原在镇南的雪葭浜，乾隆二十八年(公元 1763 年)，徽州人程履吉谋迁今址。城隍神是中国宗教信仰和道教信奉守护城池之神，古镇设置城隍庙，充分说明了古镇的富裕。

庙中间为头门、戏台、大殿，两庑等主体建筑基本完好。戏台的顶部由繁复斗拱组成的圆旋形顶藻井，结构别致。

(五)苏州园林的厅堂

苏州园林和苏州民居组成共同的整体，其中的厅堂也代表苏州民居的特点。(见图5.25、图5.26)

图 5.25　苏州留园厅堂

图 5.26　苏州网师园小厅

(六) 江南十二风物

江南十二风物主要有：

绍兴酒——鉴湖水的精华；

紫砂壶——紫砂泥土蕴乾坤；

扬州澡堂——江南那池"忘忧汤"；

龙井茶——一杯清茶有山水；

大闸蟹——阳澄湖哺养的美味(见图 5.27)；

黄泥螺——此味只应江南有(见图 5.28)；

龙泉剑——铁英淬铸的冷兵君子；

辑里丝——江南丝中极品(见图 5.29)；

蓝印花布——乡野的气韵(见图 5.30)；

图 5.27　大闸蟹(网络照片)

图 5.28　黄泥螺(网络照片)

图 5.29　辑里丝(网络照片)

图 5.30　印花布(网络照片)

乌篷船——水乡流动的生命；

油纸伞——消失的精致(见图 5.31)；

梅干菜——阳光晒出的家乡菜(见图 5.32)。

另外，我认为应该再加上一种：水乡名居——小桥、流水、人家。

图 5.31　油纸伞(网络照片)

图 5.32　梅干菜(网络照片)

第四节　画意与审美

唐朝的徐凝在《忆扬州》中写道："天下三分明月夜，二分无赖是扬州。"江南水乡是中国人内心沉淀的文化符号，它是自然的选择，也是历史的选择。我们在江南水乡体会到的是富庶的生活、素雅的建筑、如画的景色、温婉的情调。

江南水乡是萦绕在中国人心中千年的梦，深厚的文化底蕴和小桥流水人家的格局风貌，正是与中国江南文化气息和品位相匹配的。

1. 风貌与内涵总结

江南水乡古镇民居是中国乡土建筑的杰出代表，也是自六朝以来中国人心中最向往的人居环境。江南一带气候温和，草木葳蕤，河湖密布，山川俊秀清雅。在地域环境的影响下，星罗棋布的水道以及灵动的水系，也为布局紧凑的江南古镇增添了一分疏朗。小巧紧凑的合院式建筑布局，轮廓柔和婉约，山墙错落有致，廊对水、水对桥、桥望屋，交织的元素在老街里静静倾诉着古老的往事。它们承载了江南地区悠久的历史和深厚的人文背景，反映了雄厚的经济实力和人们对美好生活的追求，透射出历代文人的情感才情，融进诗词绘画更有一番斯文雅韵，成为江南水乡的精神内核，并内化为中国传统文化围绕人居环境的理想范式和文化符号。

2. 水墨画特征要素

水乡是一幅幅以平远视角、静态组合为主的水墨画。水乡的风景固然以水为主要构景元素，水面轻盈宁静、悠远飘渺。一带碧水分乾坤，孔孔石桥连天地。石桥作为重要的沟通纽带和空间意象节点，连接起两岸的四季轮转和风雨沧桑。（见图 5.33、图 5.34）

这里的建筑相对更小巧，组合更参差，色彩也是黑瓦白墙，宛如漂浮在水上的轻舟，加上江南特有的依依杨柳，其风情更温婉、柔美。

3. 审美经历体验

水乡朱家角、周庄离繁华都市上海都不远，但这里却过滤掉了那层不夜的喧闹与忙碌，仿佛独留悠然的一方化外之地。要认知一个地方的美，夜游是很好的选择。至今还记得住朱家角客栈和夜游朱家角的体验，从北市街走到马家花园，从泰安桥走到放生桥，过滤了白天的喧闹，留下清冷的月下古镇。

图 5.33　周庄水巷

图 5.34　周庄水巷

　　游走水乡，无论是漫步幽深小巷，信步跨过小桥，还是荡舟穿行水巷，都那么悠然。这里的"静"与烟雨的"冷"，使人感到从容而宁静，潺潺流水洗净了浮躁的灵魂，窄窄街巷隔离了外界的喧嚣，精巧的建筑、细腻的表面，又不使人感到威压。岸边星星点点的烛光连通过去的古老时光，文人墨客游于此，饮于此，居于此，品味"写意"式的传统艺术语言，水墨淋漓的意境，晕染着、回味着江南的韵味。

第六章
鄂东南古村落：移民重镇，赣居传风

第一节　地理与文化背景——幕阜山北麓的移民通道

鄂东南主要指湖北的黄石和咸宁等地区，地处幕阜山以北，长江南岸，扼守湖北与江西边界，目前保留传统乡土建筑比较多的地方有阳新县(见图6.1、图6.2)、通山县、大冶市等。鄂东南有着"吴头楚尾"之称，保存着许多悠久的地方历史文化。因处于湖北与江西(九江地区)的交界处，其地理环境和民风民俗包括语言皆与江西相似，乡土建筑亦如此。它可算是湖北地域内保留古村落和传统民居最多最丰富的地方，是了解湖北传统文化及其与江西民间文化之间的关联与源流的重要基础。

图6.1　阳新县枫杨庄俯瞰　　　　　　　　　图6.2　阳新县玉塥村水塘一景

作为一种文化边缘化的产物，作为历史上"江西填湖广"移民通道的现实痕迹，作为长期的交换、变迁、杂糅的一种沉淀，分析这里的民居现象，可以得到很多有益的结论。有学者用一种比较感情化的思路，反对鄂东南建筑受到徽派或者赣派建筑影响，认为这里的民居是一枝独秀，是独立的风格。就事论事来说，这种风格确实就在这里——如果不联系历史和做区域比较的话。

历史上鄂东南是江西的北方屏障，战争与灾害频繁，它显然是一个地区过渡地带，传播的中间类型。不能说它没有原创性，但是它的确存在两个方面的问题。一是综合经济实力不够；二是稳定的发展时间不长。

首先说它们的形象，除出现槽门之外，其他明显比较弱化，还使人产生一种似曾相识的错觉；结构上的硬山搁檩，固然可以节约木材，但也表明了是财力不够不得已而为之。由于物产、人为方面的相对不足，村落的气象和张力看得出来就明显不够饱满，它们看上去似乎就是徽州古村落和江西古村落之间的那么一个状态，又可以说是以上两者的亚型。与此相似的情况也出现在湖南，然而，湖南古村落保存状况总体略好，这说明湖北的战乱情况甚于湖南，湖南还保留了一些没有遭到劫掠的地方，比如湘西湘南的一些地方。但总体来看，战乱和灾难对两湖地区的破坏一直在持续。

那么它的表现究竟是怎样的呢？通过结构体系质量的粗糙反映出财富的匮乏；通过时间的跨度（清代乃至晚清民国为主）可当时社会的不稳定和文化的引进。我们需要透过民居等实物看鄂东南地区的社会变迁，而当下的研究还较为缺乏这个环节。

因此，把长江中游的湘、鄂、赣三省作为一个整体来研究其传统村落建筑文化，是顺理成章的事：因为出自同一地域、讲同一种（类似）方言、有同样（类似）的风俗习惯、接受同一种（类似）文化的民系，表现在其传统村落建筑及其文化上也应该是同源同宗的。比如，以鄂东南见到的天斗式建筑形式为例，即源自江西地区，后伴随着"江西填湖广"的移民运动而流传到湖南、湖北，并在湘、鄂两省得以广泛采用。

鄂东南地区的传统村落建筑还有一个特点——大屋（见图 6.3）。比如阳新的阚家塘李家，李家堡萧家，坳上柯家、何子恕、通山的王明璠府、周家大院等，它们更像是客家围屋或者是江西的船屋，而又并非同一个概念——这个地方有实力的人家都想把家族安置在一座房子里，比如阚家塘一座建筑就可以容纳全村近 300 人居住，祖训不许在大屋之外再建新房。这里的人，要么讲大屋有 108 间房，要么讲有 36 天井，附会吉利的数字。考察和研究古村落古建筑，无法回避人文地理学。从这个层面看，这里是不是可能存在客家文化背景？江西全省从南到北，都存在着这样的路线，使我产生浓厚兴趣，但是需要很大精力去梳理它们。

这里的传统家族有分庄居住的习惯，因此没有什么大规模的村庄，但是同姓的分支会相邻而居，形成一些家族的聚落群。每一个村子与其他同姓村子都存在着宗法血缘亲属关系和定居分支关系，每一个村子的落户定居都有一段历史传说，或关于家庭变革，或关于与其他宗族竞争，或关于山水实地勘测，等等，充满着感情色彩和神秘气氛。

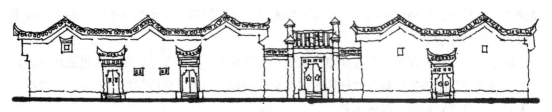

图 6.3　大冶殷祖镇郭家桥村大屋型村落界面示意图

我们谈鄂东南，首先肯定它不能涵盖全湖北，但是只要看看鄂东大别山地区以及鄂西北民居（鄂西北还有一些是和北方交汇的特点），我们不难发现这种"亚型""过渡型"的概念在鄂东南表现得更加鲜明。

第二节　聚落特点——小山脚下围祠堂

一、基本特点概述

1. 选址分布：丘陵山脚，小山环抱

"青山环绕小池塘，座座村屋围祠堂。石门内巷穿天井，檐下彩绘清水墙。"

这里的村落是典型的聚族而居，当然随着家族发展也要分庄另立新村，不结大村，形成散点的小集聚形态。这些村落分布在山区丘陵地带，属于小山脚下的村落类型，绝大多数都是小村湾，竹林、小山、池塘、桃花溪水、几组砖屋……表现出比较亲切的规模和尺度（见图 6.4、图 6.5）。

这些中小型规模的村落形成Ⅱ字形的形态格局，最大的特点是有着比较开敞的外界面，祠堂（一般是支祠）位于中心的位置，一眼就可以看出村落秩序。祠堂左右分房，祠堂门墙为关，民居不突出祠堂这个关，这个祠堂与旁边民居联系非常紧密，形成"祠居相连"的特色格局。祠堂前面是池塘，供全村洗涤、排水、消防使用。

2. 布局肌理：支祠中心，祠居相连

每个村落都紧紧围绕祠堂这个中心，村落构图非常集中紧凑，很多村落建筑联排共墙，有的村落俨然是一座大屋。其布局异于江西抚州地区的村落，其规模也远远小于江西吉安地区的村落，这可以理解为移民村落的特色之一。

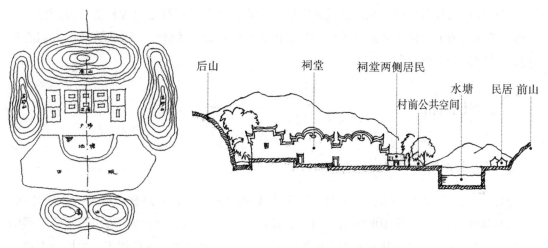

图 6.4 村落典型格局示意图   图 6.5 村落典型中轴剖面

　　村落内部的街巷受制于村落规模，一般不够丰富，但产生了"内巷"和"天井廊"(见图6.6、图6.7)的特色街巷。"内巷"，是祠堂(支祠)与旁边民居之间的通道，从祠堂可以直接进入民居，祠堂与民居之间也间隔出一条平行的巷子，往往有屋顶覆盖，且在屋顶下方隔出阁楼，储存粮食。"天井廊"则是多户积聚的大屋(多五开间)处理内部交通的方式，纵向将三个天井连通，形成房屋内部的通廊。村中的内巷和天井廊纵横串联，使人感觉村落仿佛是一个整体。

图 6.6 建筑内部天井廊(一)　　　　图 6.7 建筑内部天井廊(二)

　　鄂东南地区分布着很多从江西迁来定居的家族，每个村落都是血缘村落，每个村落都有移民迁居的历史。移居到此的人们，创造出典型的地方村落特征，形成该地区人们心理与感情认同的标志性风貌。

二、案例赏析

1. 阳新县阚家塘

　　阚家塘位于阳新县排市镇下容村，属于大屋型的古村。大屋是移民村落的重要特征。三纵建筑联排共墙，号称 108 间房，但是明显可以看出来，还区分为两边民居围绕中间的秩序，中间是家祠，这座建筑是"祠居合一"的典型。历史上李氏族谱规定，大屋外不许盖私宅。阚家塘是一个深山村落，不过几乎只有一幢建筑，即阚家塘老屋。老屋隐藏在富水南岸的大山深处，沿排市镇的盘山公路蜿蜒而行十多公里，在一个青山拥抱、翠竹环绕、泉水叮咚的山坳里，呈现眼前的就是古朴典雅的阚家塘李氏家族老屋。（见图 6.8、图 6.9、图 6.10）

　　建筑整体坐北朝南，依靠大山，通面阔约百米，进深三十余米。南向正面三个大门，一字形排开。由中间大门进入屋内便会发现，偌大的古建筑群分前后三个台次依山而建。进门便需拾级而上，进至公屋正堂，再分别向两侧延伸。山地地形不仅使得整个村落依次抬高，规整的村落不再平整单调，也在山脊以及山坳里形成了多个观景点。

图 6.8　阳新县阚家塘俯瞰

图 6.9　阳新县阚家塘村口外观

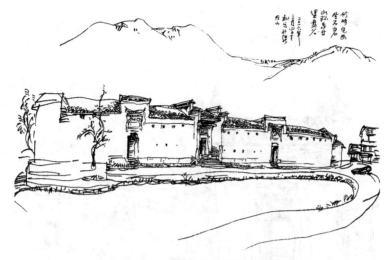

图 6.10　阳新县阚家塘村口外观

山环水绕的阚家塘古村不仅拥有甘泉修竹等优美的自然环境和完整的风水系统：古宅背靠狮子山，左右分别是青龙——铜叉山、白虎——虎头山，面朝朱雀——燕子扑梁，更令人称奇的是古宅坐落的后山，遍布喀斯特地貌的石灰岩，造型多样，这些酷似石狮的岩石群，形成独特的"深山狮子林"石林景观。

2. 阳新县玉塆村

玉塆村位于阳新县浮屠镇，在玉湖港东畔，黄姑山西麓，坐东向西。整体的村落布局符合中国传统选址"背山面水"的风水理念。村落选址充分考虑了自然环境，周围群山环绕，利于"藏风聚气"。东面黄姑山为来龙，北面百佛山为右护砂，南面邢家山（宝头岩）为左护砂，西北方有一牛背架（象鼻山），不吉，以照壁挡之。（见图 6.11）

村落空间由主要道路大泉路串联而成，整体坐东向西。道路北段西侧为太新屋组团，道路东侧是白门楼组团。道路中段连接李氏宗祠、李大人屋和李家颈组团。道路南段从李家颈穿出连接东山卢组团。村中泉水成渠，并贯通全村。其中白门楼、李家颈各有一条水渠，分别发源于黄姑山西北麓的李氏泉和西南麓的泉眼。

玉塆村的古建筑群有着鲜明浓郁的鄂东南地方特色。建筑样式和风格较为统一，均采用青砖、布瓦、木材为建筑材料。屋檐下绘黑白或彩色的屋檐画，清代建筑都采用硬山马头山墙形式。房与房之间建有防火通道。屋内多设天窗天井，采光充足。门窗、影壁、屏风均雕刻有花鸟虫鱼、神话故事及历史人物。村内除了两座省级重点文物外，在太屋、新屋、白门楼和李家颈都存有集中成片的具有传统风貌的历史建筑。

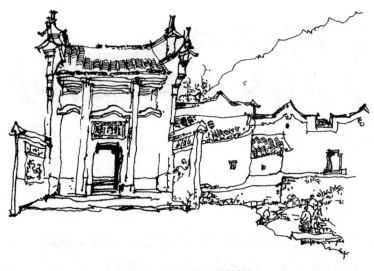

图 6.11　阳新县玉塆村村门

其历史建筑可分为两种类型，一类是由天井围合的院落式，一类是只有单栋建筑的一字屋，均为清代民居建筑群，大屋聚居、多重天井、高墙围合，门窗雕刻精美。李家颈的"龙门衍庆"与隔壁的一栋古宅为一进天井院落，其余多为一字屋。一字屋主入口向内推进，内部空间分割形成"明三暗五"的格局，具有玉塆村一带传统民居的典型特征。东山卢的卢曰良宅为一进天井院落，入口采用轩挑，造型优美。天井内部入口门厅、正厅及两侧厢房都带有二层阁楼。围绕天井的四根柱子形制独特，其下部用石柱，上部为木柱。门窗隔扇雕刻精美。

3. 大冶市堤塍冯村

堤塍冯村是位于大冶市殷祖镇的一座小村庄，小山、小村、小塘，形成一条景观轴线。村落的建筑部分则以祠堂（支祠）为中心，左右展开。祠堂左右的民居与祠堂宛如一体，是典型的"祠居相连"类型。（见图 6.12）

4. 大冶市柯大兴村

柯大兴村位于大冶市大箕铺镇。山下，塘边，古屋连片，支祠位于中间。黑瓦、青砖、白檐、色彩分明。（见图 6.13、图 6.14、图 6.15）

图 6.12　大冶市堤塍冯村口界面

图 6.13　大冶市柯大兴村

图 6.14　阳新县柯家对面屋外观

图 6.15　大冶市柯大兴村口界面

5. 大冶市郭家老屋

郭家老屋位于大冶市殷祖镇的一座小村庄，保留着村门，内部以支祠为中心，建筑相连，形成堡垒般的整体。

6. 咸安区刘家桥

刘家桥位于咸安区桂花镇。一水穿村，廊桥连接，也是一个民居簇拥祠堂的格局。祠堂的两侧是连排的民居，以巷相连，井然有序。

7. 阳新县柯家对面屋

柯家对面屋位于阳新县洋港镇。大屋小村，三座五开间、二进天井的民居并联，中间以天井廊相通。

8. 阳新县泥培墩

泥培墩位于阳新县大王镇。大冶湖畔的古村，坐落在湖北面的台墩上，排列着五座建筑，以祠堂为中心。因为坐落湖畔，考虑到避水，房屋会先垫起一个台墩，然后在台墩上整体筑屋。（见图 6.16）

图 6.16 阳新县泥培墩整体外观

9. 阳新县梁显湾

梁显湾位于阳新县白沙镇，有着超大面积的池塘。池塘边坐落着一个大屋，两个五开间的单体建筑连在一起。（见图 6.17）

图 6.17 梁显湾大屋民居厅堂

第三节　建筑特点——天井砖屋显族名

一、基本特点概述

鄂东南地区的乡土建筑，也分出祠堂、民居、商铺、牌坊等多种类型。最具魅力的是祠堂。它们是该地区建筑风格和建筑工艺水平的代表。

(一) 房屋布局——大屋天井，祠居合一，大屋通廊

鄂东南传统民居布局普遍比较简洁。经济条件比较好的，连接成为大屋，一般单体建筑有的是连五开间，有的连三开间。（见图6.18、图6.19）

图6.18　阳新县坳上村柯家大屋

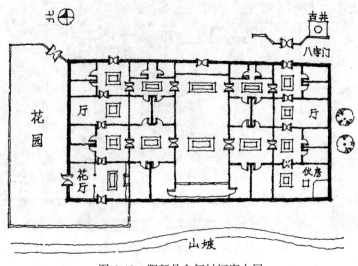

图6.19　阳新县金何村柯家大屋

内部以天井划分空间，中间一纵为厅堂，按照天井数量计算，又有一进天井式和二进天井式之分。一进天井的房屋前后分别是门厅和正厅。二进天井的房屋分别为门厅、正厅和后厅。中间一纵天井两旁分别是侧纵天井（院），天井之间以矮墙分开。厅堂两侧为卧室，面向侧纵天井（院）开门开窗，而不像徽州和江西民居的卧室均面向厅堂开门，这是与徽州和江西民居显著不同的地方。

一般来说，二进天井、五开间的民居称为大屋；还有一种是将三幢五开间的民居并列，中间连通，加起来有数十个天井，成为真正的"大屋"，如阳新县阚家塘李家大屋和阳新县坳上村的柯家大屋。

（二）外部造型——龙脊白檐，槽门凹进，门匾突出

鄂东南地区的乡土建筑绝大多数以砖墙承重，没有柱列，即"硬山搁檩"。从这一点看，该地区的民居建筑年代普遍都不早。

建筑中间大门凹进为槽门，将正立面划分为三段。因此不管内部空间是三间五间，在外部看都是三间。屋顶为普通硬山式，正面砖墙仅封到檐口，露出屋顶。山墙墀头翘起，槽门两侧的屋顶也升起墀头，因此建筑屋顶也被分为横向三段。建筑装饰比较简洁，虽然也有砖木石三雕，但和徽州以及江西的建筑比起来，内容和工艺就显得非常简单了。

从风格归属来考虑，鄂东南主要是借鉴江西的风格，但是也有徽州建筑的影子，这就要看它所处的地理位置，一方面靠近江西九江，一方面它有"吴头"的地位，与赣东北乃至皖南地区都有地缘和文化的关联。

1. 祠堂建筑的特征

背靠青山，门对山凹，左右怀抱，半月水塘；
八字门墙，翼角戏楼，抱厦拜堂，层层抬高；
木石雕刻，藻井连连，瓶形柱础，滚龙屋脊；
二进天井，牌匾题字，春秋两祭，宗支家祠。

鄂东南地区的祠堂，其平面形制一般分前后二进天井，三重厅堂，分别是门厅、拜殿、寝堂，而且从前到后，地坪层层抬高。其中门厅上方一般设置戏楼，面向拜殿。拜殿的中间采用抬梁结构（见图6.20），两侧边有硬山搁檩（见图6.21）。其造型上，入口多用八字门墙，山墙或正面墀头起滚龙脊。大门门楣或写"某某祠堂"，或写姓氏堂号，非常醒目。

图 6.20　祠堂中间为抬梁结构　　　　　　　图 6.21　祠堂两侧为硬山搁檩结构

2. 民居特征

赣居传风，大屋聚族，天井相连，白粉墙边，一正两厢，土砖木构。（见图 6.22）

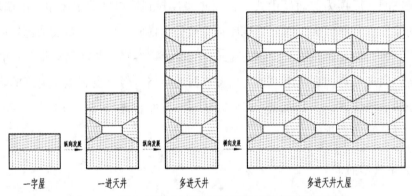

图 6.22　鄂东南地区天井式民居平面形制演变示意图

这里的民居建筑，以三开间一进天井为基本单元。纵向发展者会有二进天井甚至三进天井。横向发展者，有五开间、并列三纵天井的"大屋"。这是当地最有代表性的民居特色。

二、案例简析

（一）祠堂

1. 阳新梁氏宗祠

梁氏宗祠位于阳新县白沙镇。宗祠始建于清康熙三十六年（1697 年），后世历代都有扩建，形成现今规模，是鄂东南地区保存完好和规模最大的宗祠之一。建筑分左中右三纵，每纵前后二进（天井）三重。中间一纵前后分别是门厅、戏楼、亭堂、寝室、廊座等主要建筑，两侧分别是花厅、饮福厅、受胙厅、厨房、钱谷房、宾兴馆、先贤祠等附属建筑。建筑面积2475平方米，有大小房间近一百间。（见图6.23、图6.24）

宗祠一般与村落分离，这座祠堂和梁氏聚居的村落之间隔了一座山。

图6.23　阳新县梁氏宗祠大门

图6.24　阳新县梁氏宗祠戏楼

2. 阳新县玉塆村李氏宗祠

　　李氏宗祠位于阳新县浮屠镇玉塆村。李氏宗祠由晚清大臣李蘅石捐款建成，建于光绪二十六年(1900年)。建筑面积1673平方米，建筑中轴依次由戏楼、看台、正堂(拜殿)、过堂、祖堂构成，进深五重，两侧建有义学、茶酒厅等。外围以砖墙包裹，正门为三滴水牌楼门罩，门楣上刻"李氏宗祠"。山墙第一进采用滚龙脊，与翼角翘起的戏楼屋面形成曲线的呼应，富于动感。(见图6.25)

图6.25　阳新县玉塆村李氏宗祠入口

　　正门至祖堂神龛全用青石铺地，前厅戏楼用厚木铺就，戏楼居正门之上，距地1.7米之高，与祖堂遥遥相视，人从正门入，必低头躬身，以视敬祖。从正门至祖堂龛位，全用青石铺地。前厅戏楼全用木板铺就，戏楼前檐雕有五龙图，四周雕满云纹。戏楼(见图6.26、图6.27)檐角高高翘起，后壁上方挂有一匾，上刻"曲奉梨园"四个篆体字，正上方的藻井描绘彩色的龙飞凤舞图案；正堂(拜殿)中间的藻井绘有八卦太极图案；两边厢房的木窗均雕有或绘有花草图案，一大两小的天窗呈品字形排列；其功能一为采光，二为将屋面承接的雨水归集于室内天井。祠堂内 16 有根大立柱，呈宝瓶状的柱础石(见图 6.28、图 6.29)雕刻有精美的花鸟龙鱼等图案。因为石材又硬又易碎，这里的石雕通常以浅浮雕为主。

李氏宗祠历史年代虽然并不久远，但它保存完好，集祠堂、义学、戏楼为一体，其建筑风格具有鲜明的地方特色。

图 6.26　阳新县玉堍村李氏宗祠戏楼

图 6.27　阳新县玉堍村祠堂戏楼外观

图 6.28　阳新县玉堍村李氏宗祠柱础

图 6.29　阳新县玉堍村李氏宗祠柱础

3. 阳新县四门徐氏宗祠

四门徐氏宗祠位于阳新县太子镇四门徐村，在村落东面。鄂东南村落中位于中心的建筑，一般是支祠。这种孤立于村外的祠堂是家族的宗祠，"敬而远之"，这是一种非常鲜明的地方特色。建筑为前后两进天井，三重厅堂，前后分别是门厅（戏楼）、拜殿、寝堂。大门三间，中间凹进槽门，门厅两侧为猫拱背（滚龙脊）山墙，门厅和拜殿之间天井宽阔。（见图 6.30、图 6.31、图 6.32）

图 6.30　阳新县四门徐氏宗祠整体外观

图 6.31　阳新县三门徐氏宗祠整体外观

图 6.32 阳新县徐氏宗祠整体外观

4. 阳新县三门徐氏宗祠

三门徐氏宗祠位于阳新县太子镇三门徐村，在村落西面。这座祠堂是徐氏三门的宗祠，也是孤立于村外。其形制和造型与四门徐氏宗祠如出一辙。

5. 阳新县骆氏支祠

骆氏支祠位于阳新县王英镇，门匾题字为"草檄名家"，是骆氏堂号，这与骆氏名人骆宾王的掌故有关。（见图 6.33）

6. 阳新县姜家祠堂

姜家祠堂位于阳新县王英镇，朴素的建筑，是村中心的支祠，"渭水遗风"是姜氏堂号。（见图 6.34）

这一带的建筑，尤其是位于村落构图中心的支祠，一般可以从门匾上读出这座村落的家族姓氏。这一特征江西村落也有，但是没有这里突出。一则因为此地村落规模较小，二则因为经济条件不够（不足以捐到功名），科举人物也不多。很少有见到有关科举的门匾，这样一来，姓氏家族堂号的门匾就显得格外醒目。

图 6.33　阳新县骆氏支祠入口

图 6.34　阳新县姜家祠堂入口

7. 阳新县董氏支祠

董氏支祠位于阳新县白沙镇，属门屋式，假三间。"汉儒家"是董氏堂号，典出汉代大儒董仲舒。（见图 6.35）

图 6.35　阳新县董家祠堂入口

8. 阳新县王氏支祠

王氏支祠位于阳新县陶港镇，"三槐世泽"是王氏堂号。（见图 6.36）

图 6.36　阳新县王氏支祠入口

9. 阳新县成氏宗祠

成氏宗祠位于阳新县龙港镇。祠堂有戏台、拜殿、祖堂，大门上有牌坊式构架门罩。门堂山墙用猫拱背(滚龙脊)。(见图6.37、图6.38)

图6.37　阳新县成氏宗祠山墙

图6.38　阳新县龙港成氏宗祠梁架结构

10. 阳新县杨氏支祠

杨氏支祠位于阳新县王英镇。凹进槽门，八字门墙，三滴水门楼，外墙粉白。这座建筑生动诠释了中国民间建筑之美，它虽然很朴素，没有大红大绿，没有金碧辉煌，没有复杂装饰，但是一点都不简陋，因为它有端庄的色彩与和谐的比例，还有讲究的层次组合，没有什么多余的东西，但是也读得出来它的建筑风格和文化定位。(见图6.39、图6.40、图6.41)

图6.39 阳新县王英镇杨家祠堂入口

图6.40 阳新县王英镇杨家祠堂门外

图6.41 阳新县杨家祠堂入口

11. 阳新县张氏祠堂

张氏祠堂位于阳新县茶寮村。戏台和拜殿之间，有一个视野开阔的场院，而不是一个小天井，便于族人观戏。（见图 6.42）

图 6.42　阳新县洋港张氏祠堂

12. 咸宁市咸安区刘家祠堂

刘家祠堂位于咸安区桂花镇刘家桥村。祠堂是村中最透气的地方。夏天村民在此乘凉，成为一道风景。（见图 6.43）

图 6.43　咸安区刘家桥村刘家祠堂

(二)民居大屋

1. 阳新县玉垱村民居群

(1)李大人屋

李大人屋位于阳新县浮屠镇玉垱村，建于光绪三十一年(1905年)，是李蘅石晚年居住之所。古宅倚青山，绕溪水，立于玉垱村东头，周有古樟叠翠，高大的青石门框上方门楣横匾银钩铁划"光禄大夫"四个大字。(见图6.44、图6.45)

图6.44　阳新县玉垱村李大人屋门前景观

图6.45　阳新县玉垱村李大人屋外观

建筑前后三进，左右五间，中间一纵由正堂、中堂、厢房组成。正中有议事厅，侧有聚会厅，主卧、客卧前后分隔，次间供管家、佣人、厨师等使用。厅堂两侧均设阁楼，供女眷居住。建筑有四个天井，或长或方或圆，大小不一。内部结构采用局部抬梁木架，侧间硬山搁檩承重，以隔扇门板分隔空间，门窗屏风精雕细刻，并施以彩绘。

建筑用黑瓦屋面，正面屋檐下有砖雕的忠孝故事、神话传说等图案，沿屋檐四周，均绘有黑白及彩色的屋檐画。

(2)明代民居

阳新县玉塅村明代民居位于白门楼，建筑风格简明实用，立面封檐，两进天井，二层有环天井的阁楼。第一进天井厅堂和厢房之间折线转角。梁架整齐，装饰古朴，柱础用木櫍，代表了早期建筑的特征。(见图6.46、图6.47)

图6.46　玉塅村明代民居外观　　　　图6.47　玉塅村明代民居内部

2. 阳新县铜湾陈民居群

(1)"华山启秀"宅

"华山启秀"宅坐落于村落最东端，坐南朝北，是村内唯一一栋三开间三进(厅堂)两(进)天井的民居。梁架保存完整。正面凹进槽门，檐下设卷棚吊顶(葫芦线)装饰，大门门框上方悬出的门楣上书"华山启秀"。正面檐口下，以中间槽门为界，从左至右绘有寓意"春夏秋冬"的四幅屋檐彩画，每幅画题有诗句，分别是"春兰有异香""夏竹引风凉""秋菊多佳色""冬梅闻雪开"。外墙为青砖眠砌到底，大门两侧分别有一个连环钱纹漏窗。(见图6.48、图6.49、图6.50、图6.51)

图 6.48　阳新县"华山启秀"宅正立面

图 6.49　阳新县"华山启秀"宅屋檐画

图 6.50　阳新县"华山启秀"宅内部

图 6.51 阳新县"华山启秀"宅内部

　　建筑内部一正两厦，中间是厅堂，厅堂两侧是卧室。前后进之间以天井隔开，卧室向天井开门，天井两侧围以厢房，厢房面向天井是隔扇窗，硬山搁檩结构。建筑设有吊顶和二层阁楼，二层阁楼窗扇保存完好。

　　(2)"颍水扬清"宅

　　建筑五开间一进天井，坐北朝南，坐落于村落的最西端。屋前有一平场，临溪而居。平面呈长方形，梁柱完整，天井狭长，前后五间屋子之间以打通的天井分隔，即明间厅堂前的天井和次间卧室前的天井左右贯通，之间既无厢房也无隔墙。这种五开间房屋共用一个狭长天井的布局方式在鄂东南地区尚属罕见，在阳新也是仅见。(见图 6.52、图 6.53、图 6.54、图 6.55)

图 6.52 阳新县"颍水扬清"宅正立面

图 6.53　阳新县"颍水扬清"宅彩绘

图 6.54　阳新县"颍水扬清"宅入口

图 6.55　阳新县"颍水扬清"宅天井

　　厅堂有吊顶，两侧有阁楼，硬山搁檩结构。内有"敬懋花龄"寿匾，槽门彩绘丰富。

　　建筑正面中间凹进槽门，大门上方的门楣和门框之间绘制有一条带状的屋檐画，黑色为底，中间有如意形开光(包袱)，如意形白底中绘制鲤鱼跳龙门的图案。大门上方的彩绘带向凹进的槽门左右两侧墙面延伸，其黑底上也开有扇形白底的开光，其中也分别绘制有雀和鱼等图案。

3. 阳新县坳上大屋

坳上大屋位于阳新县枫林镇，建于清咸丰年间，坐落于背靠朴峰的一块平地上，坐东朝西。该建筑规模宏大、井院重重、五户共处、户户联通、雕饰精美，是鄂东南具有代表性的大屋类传统民居，于2014年被列为湖北省文物保护单位。（见图 6.56、图 6.57、图 6.58、图 6.59）

图 6.56　阳新县坳上大屋鸟瞰

图 6.57　阳新县坳上大屋侧面外观

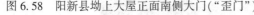

图 6.58　阳新县坳上大屋正面南侧大门（"歪门"）　　　图 6.59　阳新县坳上大屋内部天井及周边空间

　　大屋为三进五联建筑群，正面五个大门，其实是三个五开间建筑并联而成，只因中间的单元对外开了三个门，与左右两单元的大门加起来共有五个大门，可以分给五户使用。整个建筑平面略呈扇形，占地约 2500m²，内含天井共 27 个，是同一家族中多个家庭的居所。

　　建筑为硬山布瓦顶，清水砖墙，底部有十余厘米的石条奠基。檐口处叠涩拔檐，局部墨绘；正面五个大门，当中单元的三扇大门均贴着外墙，形制与尺度一致，南北两个单元分别有一道大门，这两个大门皆内凹形成槽门，北侧单元的大门形制最高，南侧单元大门形制较北侧单元大门形制略低，俗称"歪门"。此外，所有门壁、门楣、门槛、门墩全都为石料精凿而成，外部皆用石窗，石窗纹样以如意、龙纹、灵芝等祥瑞图案为主，样式丰富、尺度较小。大屋每个单元都有三进，每进之间设有天井，天井井口较小，天井池边空间较大，便于屋内活动，以适应当地夏热冬冷气候。天井池内设有出水暗沟，井与井相连，井与沟相连，排水系统完善。各户明间依次设门厅、天井、中厅、天井及堂屋，门厅、中厅、堂屋皆面向天井敞开，光线明亮、通风良好；次间为居住空间，其中天井细长。中厅建筑形制最高，前后面向天井敞开，前廊设轩顶，轩梁与抱梁云皆雕饰精美，月梁雕刻祥瑞纹样及民间故事，耐人寻味；堂屋一面向天井敞开，光线明亮，通风好。

4. 大冶市上冯民居

（1）鹿鸣庄

鹿鸣庄位于大冶市金湖街道上冯村，两进五开间，共六个天井，中间一纵为厅堂，两侧为住屋，为典型的鄂东南大屋。正面中间凹进槽门，檐下有砖叠色造型和屋檐彩绘，侧面为人字山墙。（见图6.60、图6.61、图6.62、图6.63、图6.64、图6.65、图6.66）

图6.60 金湖街道上冯村鹿鸣庄外观

图6.61 金湖街道上冯村鹿鸣庄内部

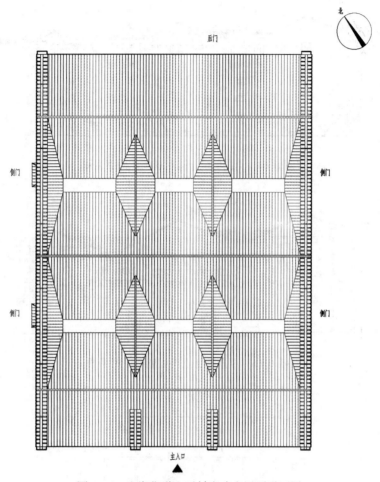

图 6.62 金湖街道上冯村鹿鸣庄屋顶平面图

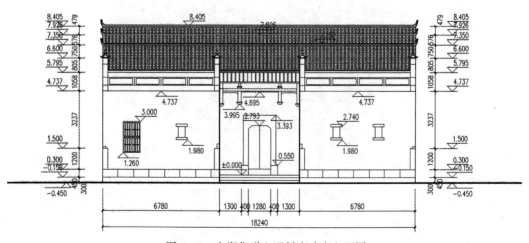

图 6.63 金湖街道上冯村鹿鸣庄立面图

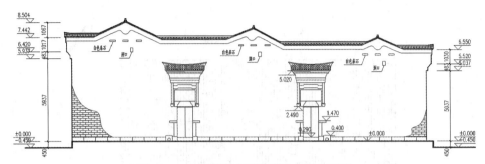

图 6.64 金湖街道上冯村鹿鸣庄侧立面图

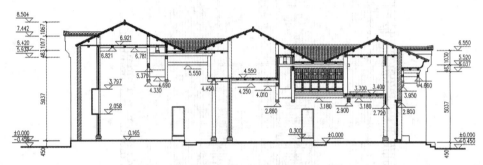

图 6.65 金湖街道上冯村鹿鸣庄剖面图

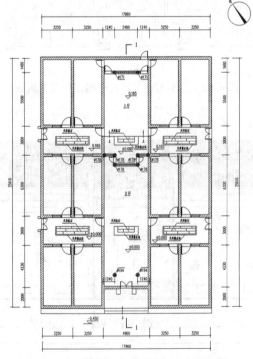

图 6.66 金湖街道上冯村鹿鸣庄平面图

（2）矩范堂

上冯村另一处两进五开间的民居，同样有着精美的雕饰。（见图6.67、图6.68）

图6.67　金湖街道上冯村矩范堂木雕　　　　　图6.68　金湖街道上冯村矩范堂木雕

5. 咸安区刘家桥明经第

刘家桥明经第位于咸安区桂花镇刘家桥村，天井四周均用隔扇，且二楼有回马阁楼，这在鄂东南地区不多见。（见图6.69、图6.70、图6.71、图6.72、图6.73、图6.74）

（1）侧门

出门即山，石级顺山，建筑和山体紧密组合在一起。（见图6.75）

图6.69　咸安区刘家桥明经第庭院

图 6.70　咸安区刘家桥明经第俯瞰

图 6.71　咸安区刘家桥明经第外立面

图 6.72　咸安区刘家桥明经第之槽门

图 6.73　咸安区刘家桥明经第天井厅堂

图 6.74　咸安区刘家桥明经第之走马楼

图 6.75　咸安区刘家桥明经第侧门

（2）天井沟漏

天井沟漏采用螃蟹造型，传统民居地下的排水设施非常讲究。（见图 6.76）

图 6.76　咸安区刘家桥明经第天井地漏

6. 通山县沙堤民居

沙堤民居位于通山县通羊镇沙堤村。民居厅堂中间加上两根檐柱，上方用抬梁构架，这样的形制一般是有官阶的家族采用的。但那两根柱子显然过于粗而且高了，使得厅堂开

间显得不够舒展。（见图 6.77）

图 6.77　通山县沙堤民居庭院

7. 大冶市卫祥港民居

卫祥港民居位于大冶市殷祖镇卫祥港村，门楣上的石雕让人感觉是小心翼翼雕上去的，因为石质的原因，雕深了怕崩坏。（见图 6.78）

图 6.78　大冶市卫祥港民居侧门

8. 大冶市水南湾村敦善堂

鄂东南民居的外墙比较封闭，但是在正面大门两侧一般也开设尺度较小的洞口。洞口安装石框，雕以花纹，起到通风和装饰的作用。比如大冶市水南湾村敦善堂就是如此。（见图 6.79、图 6.80、图 6.81）

图 6.79　大冶市大箕铺镇水南湾村敦善堂柱础　　　图 6.80　大冶市大箕铺镇水南湾村敦善堂柱础

图 6.81　大冶市大箕铺镇水南湾村敦善堂漏窗

9. 崇阳县黄燮商民居

始建于清代的黄燮商大屋位于鄂南咸宁市崇阳县，其历史悠久，保存完好，是鄂南传统民居大屋形制的典型代表，具有较高历史、文化和艺术价值。（见图 6.82）

图 6.82　崇阳县黄燮商民居天井

(三) 其他

1. 阳新县陈献甲墓

陈献甲墓位于阳新县浮屠镇陈献甲村。陈献甲墓(又名献甲花坟)建于明万历年间，由牌坊、前室、祭坛、墓室、墓碑、护栏等组成，均以青石为料，雕有"渔樵耕读""双凤朝阳""犀牛望月""鹿鹤同春""鱼跃龙门"等鸟兽虫鱼图案，工艺精湛，形象逼真。石牌坊高7米，三门，宽约15米。墓主陈献甲为当时富甲一方的商人，乐善好施，享誉地方。其祖陈任远于明正德年间施谷2万余担赈灾，受正德皇帝嘉奖，赐金匾一块，书"旌表义民陈任远之门"。匾尚存。该墓被湖北省人民政府列为全省重点文物保护单位。在鄂东南地区，这样一面敷满石雕的明代牌坊，雕工细腻而不失大气，可以算是精品了。(见图 6.83)

2. 阳新县杨氏义门牌坊

杨氏义门牌坊位于阳新县龙港镇石角村牌楼湾，建于明英宗正统六年(公元 1441 年)，保存尚好。牌楼高 14 米，宽 12 米，为木质结构，分上下两层。下层 4 柱 3 门，中门宽 6 米，门楣有"旌表义坊"四个大字，为明英宗手迹。门楣上方有鹤形斗拱，上铺木桁条，盖青布瓦。上层宽 8 米，高 6 米，中悬"圣旨"牌。(见图 6.84)

图 6.83　阳新县陈献甲牌坊

图 6.84　阳新县龙港镇石角村杨氏义门牌坊

　　据光绪《兴国州志》载，明英宗正统七年(1442 年)，是值饥荒，杨昭(字德明，庠生秀才)出谷一千三百石，送交州府赈济饥民。皇帝遂下旨赐建牌坊，以旌表杨昭义举。此乃"圣旨"牌楼之来历。

第四节　画意与审美

鄂东南古村落分布在赣鄂交界的慕阜山区北麓，以现存真实的面貌反映多元文化在这里的落地演绎，成为鄂东南地区深受江西填湖广运动影响的生动体现。对于鄂东南地区的民居来说，可感知的不仅仅是空间秩序和村落价值，在同构的文化思维下，聚落的场所精神与共同历史记忆显得弥足珍贵。

1. 风貌与内涵总结

"吴头楚尾落移民，山下塘前聚族居。内巷横道连祠屋，天井廊院纵相通。"这里不曾出现大量的显宦大儒和富商大户，这是历史原因和经济基础决定的。对应到聚落和建筑，则反映出聚落规模相对较小、建筑的结构和装饰简单的特点。由于村落规模受限，街巷空间不够丰富，故而创造出内巷和天井廊，这种形制作为街巷空间的变体提高了村落的整体性，从建筑的门匾题字可以解读出家族姓氏和移民背景；从硬山搁檩的结构可以推测出年代特征和经济条件；从村落格局可以推断出宗法观念。这些都是鄂东南村落的独特之处。

2. 水墨画特征要素

水墨画特征要素见图 6.85、图 6.86。

图 6.85　阳新县泥培墩村口界面

图 6.86　阳新枫杨庄村内一景

依托特定的山水环境，鄂东南地区也形成了自身的风貌特点，学习和模仿江西和安徽，环境协调，建筑质朴。"背倚小山围祠堂，白粉勾檐清水墙"，小村小塘、古樟野花、间杂土屋，黑白黄灰的色彩，点缀牛衣红妆，形成山、水、村、人，丘陵地区村居如画般的构图，并颇具乡俗的特点。

3. 审美经历与体验

鄂东南地区离武汉不远，历史上属于武昌府，与江西九江府接壤，是武昌府的东南屏障。走进这里，看到背山面水、黑瓦砖墙的小村庄，和城市的景观产生反差，你自然会被眼前的景致所打动。同时，面对建筑的门楣题字，追想家族记忆，也会让人产生一种文化上的体认。腊肉、鱼丸、鸡鸭汤，山区咸、湖区鲜，这里的饮食如同村居一样真实而纯粹，加深了人们对故园的印象。

鄂东南的村居，无论整体环境还是聚落秩序和建筑品质，均传递着类似皖南古村的灵动与淡雅，同时它的宗法礼制与儒家人文精神也是非常鲜明的。就像那山水画中隐匿于青山绿水的村居，规模不大而恰到好处，展现出一种超越现实的朦胧美。这种画境更多的是于"气场"中传达艺术效果，也正是这种效果使得鄂东南民居有一种独特的审美情趣。

第七章
云南白族民居：彩云之南，绘彩合院

第一节　地理与文化背景——苍山之麓洱海之滨白族人居

　　大理市位于云南省西部，是大理白族自治州的首府。大理市地处云贵高原上的洱海平原，苍山之麓，洱海(见图7.1、图7.2)之滨，是古代南诏国和大理国的都城，作为古代云南地区的政治、经济和文化中心的时间长达五百余年。白族人口排中国少数民族人口第15位，主要分布在云南、贵州、湖南等省，其中以云南省的白族人口最多，主要聚居在云南省大理白族自治州。白族在艺术方面独树一帜，其建筑、雕刻、绘画艺术名扬古今中外。

图7.1　洱海(网络照片)

图 7.2　洱海边白族村（网络照片）

十九年前我游历过云南，那里给我留下了美好深刻的印象。那时我刚三十岁，眼中的彩云之南，到处是蓝天白云、莺歌燕舞。我虽然并没有住在白族老乡家中，但是每天早上都会到一家民居院落吃早餐，他们的屋子收拾得十分清洁。那里曾经是"夜不闭户，路不拾遗"的好地方。

白族民居院落高宽比例尺度适宜，既不高耸狭窄，也不深远奢侈，但是尽可满足屋内纺织、扎染等劳作，养花养鱼等放松活动的空间需求，院里还可以仰望星空——一如同白族人的性格，质朴简单真诚。

白族的历史很悠久，是云南历史上最大的民族。白族共同体的形成是在宋大理国时期，但明朝对白族实行民族同化，大量移民陆陆续续来到云南。到民国时期，泛洱海一带白族人几乎不认为自己是少数民族，失去了民族身份。直到 1956 年，白族老百姓获得了官方认可的民族身份，民族意识与民族文化逐渐恢复。

第二节　白族聚落特点——苍山脚下仙人居

一、基本特点概述

1. 选址分布：苍山脚下，洱海之畔

"苍洱毓秀，杂姓聚居"。白族惯以杂姓家族集中居住，村落多以苍山为屏，以洱海为

镜，西坐东向，整齐划一。

2. 格局肌理：广场中心，整齐划一，四灵拱卫

广场又叫四方街，"四方街"是云南少数民族特别是白族村落的重要布局特征。

白族的村子中部会留出一块较大的场坝，它实际是一个公共广场。白族村落不是单姓血缘村落，所以显得比汉族村落自由、开放。广场就是这种特点的反映，这在全国都是不多见的。四方街广场一般都会种植白族人崇拜的高山榕树，当地人叫作"大青树"，是吉祥的象征。在大理周城村，大青树底下的晚街是最热闹的去处，晚街每天下午四五点钟开始，一直延续到日落。高原春夏之交，日落每每都要到晚上八点钟。村里的道路，纵向的称为"充"，横向的称为"巷"。巷充旁有水沟，沿沟巷种植柳树，住宅都沿沟巷修建。（见图7.3、图7.4）

图 7.3　大理周城广场　　　　　　　　图 7.4　大理喜洲街道

二、案例赏析

以周城为例。周城位于大理市喜洲镇北端，地处苍山洱海之间，是大理河谷平原一个重要的农村集镇，也是大理白族自治州最大的白族聚落，由段、杨、张、苏等多个姓氏杂居。这里气候温和，土地肥沃。周城村地势西高东低，属缓坡地带，该地区地震次数多，震级高，对民居建筑有较大影响。另外，风大飘雨等自然气候条件也促成该地民居形成了自己的地方特色。（见图7.5、图7.6）

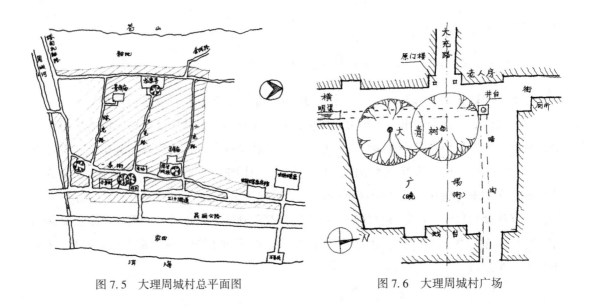

图 7.5　大理周城村总平面图　　　　图 7.6　大理周城村广场

周城村是极具代表性的大规模白族村落，人口逾九千。周城村坐落在点苍山之麓，云弄、沧浪峰下，洱海之滨，西坐东向，整齐划一。村中沿沟、巷都植柳树，以培补"风水"。周城每条沿坡街巷侧边，都开凿石渠引苍山清流，行走其旁，潺潺之声不绝于耳。各家住宅沿沟巷修建，相互毗连，宅院与宅院之间如无巷道，都有三尺的檐沟，且在巷口垒石，任何人不得侵犯。村子中部和南部分别留出一块较大的场坝，同时在场坝中栽上大青树，作为吉祥的象征，以求阴荫(所以也称大青树广场)。开阔地带作为市场，称为晚街。村南广场的东面修有照壁，上写"苍洱毓秀"。村中广场的东面建有高高的戏台，西面建有休息室，称为老人房，供老人聊天、娱乐、领小孩、避雨等。每逢火把节，四方街会竖起巨大的火把，成了庆祝和演出活动的场所。

我曾经专门造访老人房，里面全部都是老年男性，在那里打牌拉琴。显然白族妇女不在老人房的呵护之列。我记得，那时，看见不少在路边搭起巨大的牛粪的晒堆，是妇女们用硕大的背篓将和了稻草的牛粪一筐筐背来背去地忙活，我专门问了村里给我们安排的向导，这些活如果都归妇女的话，男人做什么呢？回答，耕地、盖屋啊！因为盖屋这件事情女人是不能参加的。

白族女子干活是非常任劳任怨的，有一次我走进一家院落，看见一位妇女在织布，我准备把她画下来，结果她对我说，莫画，莫画，丑呢！我连忙说，劳动很美，怎么说丑呢？但到底还是没有画到她的正面。

白族普遍崇奉"本主"，本主是一村或一方的保护神，一般是历史上被神化了的统治阶级代表人物或为民除害的英雄。周城村四周都建有神庙，即所谓本主庙，堪称四灵拱卫。村子的西端建有龙泉寺，西南角建有景帝庙，北边建有灵帝庙、魁星阁等。这些青瓦白墙

的庙宇院落坐落在绿树丛中，高低错落，景色秀丽。（见图7.7）

　　在周城村背后的点苍山云弄峰山坡间还建有十余座龙王庙和土地庙，守护着苍山的水源。我曾经攀登周城背倚的苍山云弄峰，寻找这些护卫古村的神灵居住的地方，透过这一个个虽身藏在山中却收拾得干净的小小神龛，我看见了周城人的虔诚，看见了他们对生活的美好愿景。然后沿着逶迤的山路回到周城，一路唱着山歌，眺望开阔的山腰间被雪山滋润的梯田，真心羡慕白族人民的生活。（见图7.8）

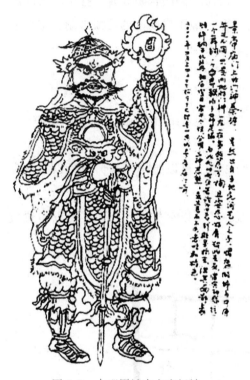

图 7.7　大理周城本主庙门神

图 7.8　周城龙王庙

第三节　建筑特点——白墙合院最爱美

一、基本特点概述

（一）房屋布局：天井合院，三坊一照壁，四合五天井

白族住屋形式，坝区多为"长三间"，衬以厨房、畜厩和有场院的茅草房，并以其为单

元进行组合，根据条件做成或"一正两耳""三坊一照壁""四合五天井"的瓦房，卧室、厨房、畜厩分区明确。山区民居则多为上楼下厩的草房、闪片房、篾笆房或木垛房，炊爨和睡觉的地方常连在一起。

周城民居是坝区白族民居的代表，它适应当地地形条件和风大、多地震等自然条件的特点，就地取材，因地制宜地创造了绚丽精致、绰约多姿的建筑风格。在平面布局上，其典型形式是"三坊一照壁"及"四合五天井"。"三坊一照壁"是由三幢二层重檐楼房（当地称为"坊"）组成的三合院与一美丽的照壁组成；"四合五天井"是四合院共有包括中心大院落和各坊之间的小院合计大小五个天井。平面布局也不受一般正房朝南的习惯限制，结合地形和风向，正房面东，内院视野开阔，正房可获得较多日照。

1. 三坊一照壁

周城人把三开间的房屋称为"坊"，并常以"坊"作为建筑组合单元。"三坊一照壁"是由三合院与一面美丽的照壁所组成的。

房子和天井之间，有一道厦廊，这道廊子宽约 2 米，可以遮挡风雨，也可以摆放宴席，还可以进行手工劳作。（见图 7.9）

天井的尺度方正宽大，既可以容纳足够的光线，又可以存放农作物，还可以布置成花园。

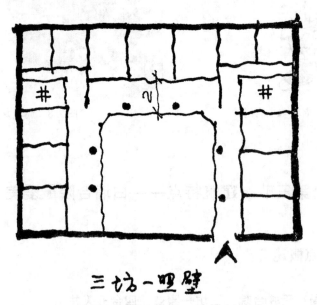

图 7.9　白族民居三坊一照壁平面示意图

2. 四合五天井

"四合五天井"是围绕中间大天井的四合院,加上四角各坊之间间隙的小天井共有大小五个天井。(见图 7.10、图 7.11)

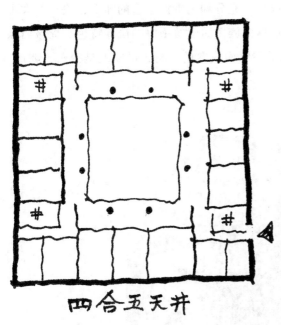

图 7.10 白族民居四合五天井平面示意图 　　　　图 7.11 白族民居院子内部

面对苍山脚下一个个规整精致、绚丽如画的白族院落,我曾经思考过,同样地处山地,为什么许多其他少数民族如苗寨、侗族、瑶族采取的是干栏形式,而白族却发展成为地地道道的院落民居呢?据考古和文献记载,白族民居最早是干栏形式的。明朝改土归流,由于内陆地区与边疆经济文化活动交流的加深,白族地区的农业、手工业和商业都有了较大的发展,与汉族地区已无多大区别,大多数白族人民通晓汉语。与内陆地区经济文化的密切交往,对白族建筑影响较大;来自内陆地区的一些能工巧匠,曾与当地白族人民一起在洱海地区建造了许多宏伟工程,对白族建筑包括民居的发展起到了一定的影响。云南的合院建筑,特别是著名的白族合院——三坊一照壁或四合五天井,似可视为中原合院建筑的延伸和变体,没有离开儒家文化对空间的约束,传统礼制法度仍控制着布局。当然,在清代以后,云南白族建筑在木构技术上也有了自己的特点。

（二）外部造型：硬山白墙，彩画绚烂

在外形上，青瓦人字形硬山屋顶曲线柔和优美，屋脊有生起，两端鼻子缓缓翘起，屋面呈凹曲状；外墙很少开窗，而且外墙山尖檐下还作黑白彩绘，不仅内院木作喜雕刻，大型民居还重点装饰照壁和大门门头，极其绚丽精美。房屋朝向上注意避风并用硬山封檐以防风，构架上注意防震，经济上注意了就地取材，充分利用资源丰富的卵石、块石、大理石、木材等建筑材料。这些特点共同形成了周城白族民居建筑浓厚的民族特色。周城白族民居无论是村落布局还是单体建筑，都形成了完整而成熟的风格，可以说是独树一帜的。（见图 7.12）

图 7.12　白族民居外观

白族民居造型为青瓦人字形大屋顶，两层，重檐；主房东向或南向，三间或五间，土木砖石结构，木屋架用榫卯组合，一院或数院连接成一个整体，外墙面多为上白（石灰）下灰（细泥）粉刷。白族民居最鲜明的特色就是它白色的墙，在高原的旷野之中分外耀眼。有的书中说这是为了反光，其实这是没有常识的"研究"。白族民居，多是三合院或者四合

院，视线开阔，高原地区，阳光明媚，完全没必要靠白墙来反光。白族人自古喜欢白色，同时白石灰是很好的墙体保护材料，另外来看，的确似乎只有朴素的白色，才能与苍山雪洱海月搭配。白色还有一个用处，就是写字画画。白族民居十分重视装饰，凡照壁、门窗花枋、山墙、门楼等都是装饰的重点。其中照壁的形象特别突出，多为一高两低的三滴水屋盖墙体；位置正对主房，连接两侧厢房的山墙将三合院封闭起来，照壁四周遍饰黑白彩绘，或为人物故事，或为花草虫鱼，或为诗词书法，而正中的白粉墙面一般以浓墨大字书四言题字。

二、案例赏析

1. 周城民居照壁和题字

美丽的照壁是白族民居的标志性特征。照壁一般设在天井或合院的东方或南方，面对主房。照壁形式分三滴水屋面及一滴水屋面两种。它的题字也很有特点，通过它能让人识别居住其中的家族姓氏，因为周城不是一个单姓的血缘村落，计有十余个姓氏，所以各家照壁题字也不尽一样，比如"百忍传家""清白家声""太尉平章"分别代表了张、杨、段三个主要姓氏。这显然是明代移民文化的深刻烙印，也是白族文化汉化的真实反映。(见图7.13)

图 7.13　周城民居照壁

有一天，我们走进四方街北边的一条街(横街)，路边一户人家在大门正对的马路对侧竖着两面照壁，分别写着"赤壁黄冈"和"眉山世泽"——这说的分明是苏轼啊！我们猜测这户人家大约是姓苏，于是走进大门询问："请问您家是不是姓苏啊？"主人回答："是啊！你们找姓苏的有什么事吗？"看到院落的厦廊下坐着好几位做扎染的妇女，我胡诌说："听说有家姓苏的，扎染做得好，是不是你们家啊？""是啊！""哦，我们就看看！"

从照壁题字认识主人姓氏，是考察白族民居给我开启的重要方法。但是这又令我陷入困惑，这些白族人家使用的汉族姓氏的郡望和名望，他们究竟是如何与白族人联系上的呢？

2. 周城民居楹联和彩绘

白族民居不仅有丰富的照壁题字，其楹联也很有特色。例如丧联："父亲去世才二年，母又得病归西天"，横批"祸不单行"；喜联："多年培育如意女，一旦难留掌上珠，横批'省亲归家'"等等。(见图7.14)

图 7.14　周城民居彩绘(网络照片)

白族建筑特别重视彩绘，包括大门、山墙、檐下，都画满了黑白彩绘，主要画山水花鸟，并且也有书法题字，比如杜牧的"远上寒山石径斜，白云生处有人家"等。建筑上美丽的彩画，是白族人爱美的表现。然而这些彩画中的文字，屋主人却并不都理解，甚至不认识。有一次我看见一家墙檐上写着："草长莺飞二月天，拂堤杨柳醉春烟。儿童散学归来早，忙趁东风放纸鸢。"问坐在门口的主人："请问您为什么在墙上写这个呢?"主人回答："我不认得那上面写的是什么，我不识字呢!"我问那字是谁写的，主人说："木匠呗，他弄了好看的。"白族老乡，好有意思! 这也正是民族文化同汉文化的交融与碰撞、补充形成的。

3. 周城民居厦廊

周城民居的正房的厦廊和厢房之间用大理石围屏隔断。(见图 7.15)

图 7.15　周城民居厦廊

4. 周城民居大门

各宅都有一个较房屋其他部分更为华美的大门，其形式可分为三滴水屋面、一滴水屋面及无屋面大门三种，其中以三滴水屋面形式最为瑰丽精美。大门还可分为有厦式和无厦式两种(平面有进深且有屋顶覆盖、形成室内空间的，称为有厦式；门楼平面无进深，主体只有一堵墙的，称为无厦式)。

5. 周城民居格子门

周城民居格子门一般由 6 扇组成，每块木板上都施木雕。看得出来，白族人非常专心于经营和打造他们家园的品质。(见图 7.16)

图 7.16　周城民居格子门

6. 周城白族服饰

白族妇女的服饰，老年人和青少年区别明显。老年人的色彩深沉，冷色调；而青少年的则色彩鲜丽。(见图 7.17、图 7.18、图 7.19)

白族老年男子服饰为对襟布服，色彩深沉。(见图 7.20)

图 7.17 白族妇女服饰

图 7.18 白族女性服饰

图 7.19 白族青年服饰

图 7.20 白族老年男子服饰

第四节 画意与审美

1. 风貌与内涵总结

白族民居学习汉族人的院落布局比较多，营造工艺比较精致，文化内涵比较丰富。白族人喜爱植草种花，加上院落宽敞，光照充足，居所内部环境十分宜人。在洱海澄净、苍山青翠的背景中，规整的院落、白色的墙面、醒目的照壁，都是白族民居的鲜明特色。

白族人在苍山洱海之间创造了适合于他们生活栖居的理想人居环境。四方街的特色村落布局、石块建造的就地取材、各种合院的井然有序、照壁彩绘黑白分明，反映了白族地区的社会文化背景、建筑技术水平和艺术追求，这使得云南白族民居既区别于其他少数民族建筑，又与中原传统合院建筑相异，这正是白族民居的独特和引人之处。

2. 水墨画特征要素

白族聚落是苍山下洱海边的一道美丽风景，它借助美丽的山水和平远的视角，运用黑白二色的勾勒，协调的布局和建筑风格，形制规范，色彩统一，加上安详平静的生活内涵，共同构成中国水墨画的意境。何谓美？白族人有一套自己的雅俗鉴赏体系：背靠秀雅苍山，面朝洱海碧水，此为村之美；叠坊连照壁，合院围天井，此为居之美；照壁映精雕、彩绘，此为饰之美；白墙接彩绘，青瓦对霞曦，此为色彩之美。(见图7.21、图7.22、图7.23、图7.24、图7.25、图7.26)

图7.21 周城戏台

图7.22　周城白族民居外观

图7.23　周城白族民居

图7.24　周城白族人家院落

图 7.25　周城远眺洱海

图 7.26　周城蝴蝶泉公园前广场

3. 审美经历与体验

　　周城村马路边有一家餐馆，为段家人所开，大家经常围坐在段家洱海的院子中就餐。这是一个二层的带小院的楼房，段家有钱，按白族人的习俗把房子各个角落都精心装饰了一番。这样的院子中，头顶高原的蓝天，周围各色的花草，仿佛置身在金庸小说中描写的大理国段家花园中一样。

　　周城是有名的，它是大理扎染、蜡染和织绣品的集散地，是全国著名的扎染之乡；周城是美丽的，美丽的不仅是苍山洱海，不仅是那如画的民居和照壁，还有周城妇女的服装服饰。周城妇女服饰在白族地区具有典型性和代表性，正如她们自己的比方是"阳春白雪"，每逢传统节日三月节（街），街上身着鲜艳服装的金花阿鹏三五成群，把周城装点得更加妩媚艳丽，加上距著名的蝴蝶泉非常近，三月去大理，漫步在美丽的古村周城，耳畔一定会响起"大理三月好风光哎，蝴蝶泉边好梳妆"的歌声，舌尖上回味起酸汤鱼的酸辣鲜香，这里实在是一个令人神往的地方。

著名学者沙孟海先生曾经有一个愿望：退休之后生活在白族村落！因为这里有"夜不闭户，路不拾遗"的和谐风气。居住在苍山下洱海边的白族聚落，大开大合的山水，彩绘画意的建筑，宁静安详的生活，朴素厚重的人情，都能激起人的浪漫遐思。

第八章
贵州苗寨：苗岭早晨，多彩吊楼

第一节　地理与文化背景——巴拉河流域的苗岭山寨

　　儿时听广播，最熟悉的音乐，就是口笛独奏《苗岭的早晨》与二胡独奏《二泉映月》，因为每天的新闻后面都会播放。可以说，它们是时代的印象，也代替了我儿时对远方的想象。江南是我的故乡，但苗岭在哪里呢？直到四十岁的时候，我来到地地道道的苗寨，安安静静地住了十天，每天清晨被鸟儿叫醒——我终于明白，苗家口笛的节奏实际上是在模仿苗岭的鸟鸣。苗岭风景见图8.1、图8.2。

图 8.1　苗岭风景

图 8.2 郎德上寨村落整体外观

第二节 聚落特点——依附山岭的浪漫

一、基本特点概述

1. 选址分布：苗岭大寨，占山逐(望)水而居

苗族是一个非常古老的民族。商周时期，苗族先民在长江中下游建立"三苗国"。后来沿着由黄河流域至湘(湖南)、黔(贵州)、滇(云南)的路线多次迁徙。苗族青年作家、知名记者南往耶在其诗集《南往耶之墓》的序言中满怀深情地写道："苗族是一个不断被驱赶甚至被消灭的民族，但他们一直没有对生命和祖先放弃，自五千年前开始，跋山涉水，经历千难万苦，从中原逃到云贵高原和世界各地，朝着太阳落山的方向寻找故乡，用血养育古歌和神话，没有怨恨，把悬崖峭壁当作家园，梯田依山而建，信仰万物，崇拜自然，祀奉祖先，忘却仇人。"

生活离不开水，苗寨的建设虽然主要是依托山体，但仍然依赖水体，大多数寨子旁边都有河流或溪水。以贵州凯里的巴拉河流域为例，从蓝花到季刀再到郎德和角猛，座座苗寨一线串珠一样依偎着美丽的巴拉河，所以苗寨的布局既有占山的形态，又有逐水的布局。

2. 格局肌理：四方寨门，围鼓而居

苗寨的聚集度一般比较高，各家的吊脚木楼顺着山势，沿着山体等高线层层排列。建筑群体轮廓的走势充分体现了与自然山体坡度形态的一致性。有许多寨子设有寨门，寨中

的道路分为登山的纵路和沿山的横路，多蜿蜒曲折，村中开阔的位置设有铜鼓坪或者古歌坪，方便村民集会活动。有的寨子在铜鼓坪旁还设有祠堂，用以祭祖。

二、案例赏析：郎德上寨

郎德位于巴拉河与其支流望丰河交汇处，是一个非常完整且保持了传统格局风貌和原生态生活的苗家古山寨。这里无论是山水环境，还是村寨建筑，都保护得很好。郎德包括上下两座寨子，郎德上寨是一个自然村，郎德下寨是镇政府所在地，之间相隔一公里多。其中，郎德上寨在望丰河边，郎德下寨在两河交汇口。巴拉河流域苗寨中苗民的服饰以长裙为特征，所以又称为"长裙苗"。

郎德上寨系苗语"能兑昂纠"的意译。郎德即"能兑"，欧兑河下游之意，村以河名，"昂纠"即上寨。全寨的木屋吊脚楼都是沿山而建的，顺山层叠而上，前面又分明临着河，中间稍稍凹进，两侧隆起两条山岭，这样的村址被当地人称为"万马归槽"。于是房屋围着村中心的铜鼓坪广场一层层地展开，每层房屋之间都有鹅卵石铺就的道路隔开，路的一侧进户，另一侧是高高的陡坎，位于下侧的房子不会遮挡后面的房子，每家都有很好的视野。每家二楼都有一个一面对外开敞的客厅，开敞的一面有一个美人靠式样的栏杆（安豆息），平时在客厅活动，就像身处一个大阳台上，俯瞰外面，寨子的风景尽收眼底，这一点和在皖南天井下的感觉有点像。村寨有五条花街路通向寨中，东、西、北面置有木柱瓦顶护寨门楼，简称"寨门"。寨中道路、院坝及各户门庭，都用鹅卵石或青石镶砌铺就。寨中有两个铜鼓、芦笙场。郎德现今已开发了旅游项目（见图8.3、图8.4、图8.5、图8.6），收拾得干干净净的，已经被列入全国重点文物保护单位和中国传统村落。

图8.3 俯瞰郎德寨子

图 8.4　寨前望丰河一景

图 8.5　郎德上寨广场

图 8.6　西江苗寨占山的格局(网络照片)

第三节　建筑特点——内外通透的灵气

1. **房屋布局**：顺山跌层，底楼三层，二楼进屋，穿斗结构，堂屋开敞

苗族吊脚楼是干栏式建筑在山地条件下富有特色的创造，属于歇山式穿斗挑梁木架干栏式楼房。和侗族吊脚楼民居的水居干栏相比，苗族吊脚楼属于山居干栏。从历史来看，苗族的建筑文化可以追溯到上古时期。苗族祖先蚩尤所在的九黎部落集团，深受河姆渡文化和良渚文化的影响。在河姆渡文化和良渚文化的考古发现中都有干栏式建筑遗址。这是苗族建筑最早的起源。（见图8.7、图8.8、图8.9、图8.10）苗族的吊脚楼通常建造在斜坡上，分两层或三层。最上层很矮，只放粮食不住人。楼下堆放杂物或作牲口圈。两层者则不盖顶层。一般以竹编糊泥作墙，以草盖顶。现多已改为瓦顶。进门跨过"虎口"是堂屋。正中埋有"龙宝"，堂上供有"家先"（祖先牌位）；左侧厢房筑有青石火塘，供炒菜煮饭之用；右侧厢房摆放家具；左右厢房靠后都摆有两张大床，外用青色或蓝色土布大蚊帐罩住。帐内设有壁柜，主人家凡值钱的东西多藏在大蚊帐内。吊脚楼通常分两层，上下铺楼板，壁板油漆发光。楼上择通风向阳处开窗。窗棂花形千姿百态，有"双凤朝阳""喜鹊闹海""狮子滚球"等图案。吊脚楼的下层多用来贮藏粮食的谷仓或摆放家具农具。楼上则为主人居室或客房。楼外长廊为妇女们绣花、挑纱、织锦、打花带、晾纱、晾衣的场所。（见图8.11、图8.12）

图8.7　郎德上寨建筑入口龛子

图 8.8 郎德上寨民居上下三层外观

图 8.9 郎德上寨民居平地一侧外观

图 8.10 郎德上寨民居侧面上楼楼梯

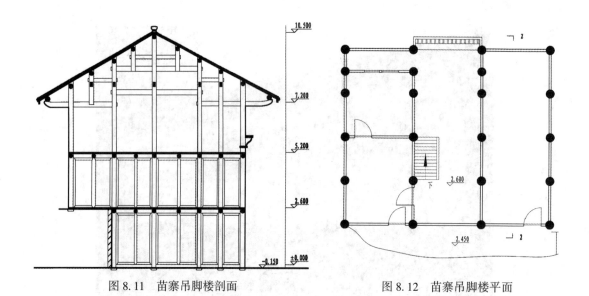

图 8.11　苗寨吊脚楼剖面　　　　　　　　图 8.12　苗寨吊脚楼平面

　　和主屋落地的土家吊脚楼不同，苗家吊脚楼是真正的楼居。苗族吊脚楼的竖向交通是比较特别的。一幢三层的吊脚楼，底层和二层分别位于不同的地坪标高上，均可以落地直接对外，大部分的吊脚楼底层的出入口和二层的出入口不在一个方向，底层部分其实只占了一半的地基，另一半是土坎，土坎上面二层，也就是说二层的一半是落地的，这里是建筑的主入口。上楼的梯子一般设在建筑的山墙面，直接上楼，而不用通过底层。不论是黑瓦房，或是吊脚楼，苗族民居照例少不了青石火塘。火塘上悬有杭杆，挂满了熏黑的腊肉、野味。火塘中间立有生铁铸的三脚架。

　　吊脚楼一般以四排三间为一幢，有的除了正房外还搭有一两个"偏厦"。每排木柱一般9 根，即五柱四瓜。每幢木楼一般分三层，上层储谷，中层住人，下层楼脚围栏成圈，作堆放杂物或关养牲畜之用。住人的一层，旁有木梯与楼上层和下层相接，该层设有走廊，约 1 米宽。堂屋是迎客间，两侧各间则隔二三小间为卧室或厨房。房间宽敞明亮，门窗左右对称。侧间设有火坑，冬天就在这烧火取暖。中堂前有大门，门是两扇，两边各有一窗。中堂的前檐下，都装有靠背栏杆，称"美人靠"（苗语"安豆息"）。（见图 8.13、图8.14）

　　修建吊脚木楼的地基必须要把斜坡挖成上下两层；每层进深各为 6 尺多，各层面积约100 平方米。上下两层相差约 4 尺多，层与层之间的山壁和外层山体用石头砌成保坎。建房时，将前排落地房柱搁置在下层地基上，最外层不落地房柱与上层外伸出地基的楼板持平，形成悬空吊脚，上下地基之间的空间就成为吊脚楼的底层，这就是"天平地不平"的吊脚楼特点。吊脚楼采用穿斗式结构，每排房柱 5 至 7 根不等。中柱一定要用枫木，因为枫树是苗族的生命图腾树，是象征祖先灵魂的圣树。

图 8.13 安豆息整体外观

图 8.14 安豆息入口楼梯

2. 外部造型：黑瓦木壁，吊脚楼，出檐深远

苗族多居住在山区，山高林密，就地取材修筑民居，黄土墙黑瓦房和古香古色的吊脚楼便成为苗族民居的主要式样；苗族的一些上层首领也修筑砖石砌的带风火墙壁的四合院落，宽敞而幽深；苗族一些贫寒的人家也筑简陋的竹楼，或者低矮的石板屋和树皮盖顶的茅屋。但苗寨的主要建筑形式是黑瓦房、吊脚楼、悬山屋顶或"歇山顶"（图 8.15、图 8.16、图 8.17、图 8.18）。黑瓦房通常分五柱四挂或四柱三挂，木质结构，两侧用竹子编封外糊泥墙。木板房上盖小青瓦，梁柱板壁全用桐油反复涂抹，风吹日晒，乌黑发亮。屋前砌有青石板小坪，搁有农具、风车等，屋前屋后栽有凤尾竹、枫香树或芭蕉林。苗家的吊脚楼飞檐翘角，三面有走廊，悬出木质栏杆。栏杆雕有万字格、喜字格、亚字格等象征吉祥如意的图案。悬柱有八棱形、四方形，下垂底端，常雕绣球、金瓜等形体。

图 8.19、图 8.20 是我曾经住过的客栈。住在苗寨，享受苗家美酒美食，观赏苗族歌舞，与纯朴的苗族老乡相处，看他们劳动、斗酒、斗牛、捕鱼。这些经历，都是我梦里邀请的精灵，会在以后的日子里陪伴我。

图 8.15　郎德上寨吊脚楼外观

图 8.16　郎德上寨杨家祠堂外观

图 8.17　郎德上寨商店外观

图 8.18 郎德上寨村中商店入口

图 8.19 郎德上寨安豆息侧面

图 8.20 郎德上寨阳台外廊

第四节　画意与审美

1. 风貌与内涵总结

苗族建筑是西南少数民族建筑的代表。贵州的苗寨，沿着等高线层叠而上，吊脚楼用木柱抓住山坡，不管整体还是单体，都是典型的依附山体，而且规模不凡，形成蔚为壮观的居住景观。苗寨和苗家吊脚楼是对山地地形的独特适应形式，也是苗族社会组织形式的载体。它们反映了苗族工匠的营造技术水平，是苗族人民生存环境和生活方式的生动写照。

2. 水墨画特征要素

苗家聚落集透、雅、韵于一体，吊脚楼造型上实下虚，内外通透，外与自然和谐对话，内有着生动的理想人居空间，处处体现着融洽的日常生活图景：木质清新的居室、温暖舒适的火塘、耕织嬉戏的长廊。外显的建筑特色与内向隐喻的苗家文化，随着大山深处的炊烟，交织共生。云雾、翠竹、炊烟、峡谷，苗族人拥有的不只是一座座小小的吊脚楼，而是广袤的山水天地。（见图 8.21、图 8.22、图 8.23、图 8.24、图 8.25）

3. 审美经历与体验

我们在苗寨做客，融入苗族人民生活中，他们耕种、打猎、捕鱼、喝酒、斗牛……他们为人真诚、热情、豪爽，和苗寨周围的山水一样，干净、自然。

图 8.21　苗寨整体外观

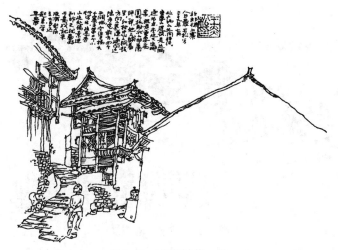

图 8.22　苗寨村落一景

图 8.23　苗寨村落一景

图 8.24　苗寨村落一景

图 8.25　苗寨村落一景

　　游走苗寨，会不知不觉浸入苗族人民生活整体的氛围之中，每天被酸坛的风味包围，被苗家水酒微熏，清凉爽口又辛辣芳香。他们的信仰、生产、生活、娱乐、作息，或者神秘，或者原始，或者浪漫，或者质朴，都与铜鼓坪、石梯、吊脚楼等建筑浑然一体，也都时时感染着每个身在其中的个体。苗寨是鲜活的、有机的，因为质朴纯真的苗族人是聚落的灵魂所在，他们在这里劳作、织染、休养、生老病死，具有代表性的吊脚楼也晕染了苗家的文化特质，既厚重又轻盈，既沉郁又灵动。

第九章
云南纳西族民居：雪山拥城，流水穿屋

第一节 地理与文化背景——玉龙雪山下的高原姑苏

曾遍游云南的明代地理学家徐霞客，在《滇游日记》中描述当时丽江城"民房群落，瓦屋栉比"。丽江为第二批被批准的中国历史文化名城之一，2012 年以整座古城申报世界文化遗产获得成功。

丽江古城(见图 9.1、图 9.2、图 9.3、图 9.4)又名大研镇，地处云贵高原，坐落在丽江坝中部，始建于宋末元初(公元 13 世纪后期)。丽江古城内的街道依山傍水修建，以红色角砾岩铺就，有四方街、木府、五凤楼、黑龙潭、文昌宫、王丕震纪念馆、雪山书院、王家庄基督教堂、方国瑜故居、白马龙潭寺、顾彼得旧居、净莲寺、普贤寺等景点。

图 9.1 俯瞰古城(网络照片)

图 9.2　古城科贡坊(网络照片)

图 9.3　古城水渠

图 9.4　古城商街

第二节　聚落特点——雪山脚下流水人家

(一)选址分布：雪山脚下，古道驿站

丽江古城坐落于丽江坝子中部、玉龙雪山下一块高原台地上，海拔2416米。古城北依象山、金虹山，西枕猴子山。源于黑龙潭的玉泉水，从象山麓流出，从古城的西北湍流至玉龙桥下，并由此分成西河、中河、东河三条支流，然后再经多次匀水分流，穿街绕巷，流布全城。

丽江古城被誉为"高原姑苏"和"小桥流水人家"。古城中无高大的城墙，古城布局中以三山为屏、一川相连；水系利用三河穿城、家家流水；街道布局经络设置有着曲、幽、窄、达的风格。丽江古城的格局自发性地形成坐西北朝东南的朝向形式。

(二)格局肌理：三山为屏，一川相连，三河穿城，家家流水，门门柳树

和我们熟知的江南水乡比较起来，这里的建筑，显然不是什么粉墙黛瓦，然而这并不是说丽江的建筑不素雅——我甚至怀疑，现在建筑上这些鲜艳的红色都是后来涂抹上去的（这应该是事实，因为整个丽江古城基本上都是震后重新修过，并没有考虑恢复历史的沧桑感）。假如保存着木质原色，应该比这样的情景古旧淡雅得多，也真实得多。（见图9.5、图9.6、图9.7、图9.8）

图9.5　丽江水街

图9.6　丽江老街

图 9.7　古城夜色

图 9.8　土司府俯瞰

1. 街巷

地面上的五花石是原状。（见图 9.9）

2. 大石桥

大石桥是古朴的，但是目前建筑鲜红的色彩的确有损丽江的历史真实感和建筑的质朴。所以，我们只有主动在印象中过滤这一层新装，没有其他办法。（见图 9.10）

图9.9 丽江街巷和水井

图9.10 丽江大石桥

3. 四方街

四方街位于丽江古城中心，交通四通八达，周围小巷众多，据说是明代木氏土司按其印玺形状而建。这里曾经是茶马古道上最重要的枢纽站。明清以来各方商贾云集，各民族文化在这里交会生息，是丽江经济文化交流的中心。四方街以五彩石铺地，白天为集市，傍晚清水洗街。围绕四方街四周有 6 条巷子依山随势呈放射状组织古城的交通。五花石铺就的广场，每天晚上是纳西族人载歌载舞的地方。（见图 9.11）

图 9.11　丽江四方街

4. 激沙沙

激沙沙全称"丽江激沙沙一流居客栈"，位于丽江古城东南部，与木氏官邸及关门口相邻，为古城之腹地，今丽江古城七一街兴文巷 74 号，即李实的客栈。

这是泉水穿屋的地方，与屋外的水渠相连。我们尽管住在阁楼上，也没有觉得光线不好。这是一个典型的纳西族院落，由一个正院和一个偏院组成，正院中间养着各种花，其中让人印象最深的是忍冬（金银花）。正院是住家，安排了客房。我们住在二楼，楼上空间比楼下低矮一点，但整洁干净。尤其那洁白的床单被褥，因为刚刚晒过，有一股太阳味。

偏院是厨房，院子做餐厅。院子的一侧有一条宽约 50 厘米的溪渠，清冽的小溪急急流过，我们每天的洗漱就是用这小溪里的水。院子靠路的一侧，厨房偏院那股流水从外墙下的一个洞口奔涌而出，外墙上嵌着一块石头，上面镌刻着"激沙沙"三个字，两旁注明"流水潺潺的地方"，英文注释"A murmuring spring"，直译是"泉水幽咽"。看上去都很浪漫，没什么问题。但房东李实说那上面都是乱写的。于是细细解释给我听，如此这般，我才弄明白——"激沙沙"是纳西语，为丽江当地纳西语地名称谓，纳西语中水叫"激"，房屋也叫"激"，"沙"是锁的意思，两个"沙"放在一起加重语气，意为锁链之意，激沙沙连在一起含义为"水与房屋相互锁连的地方"。

　　在丽江的前后五天，我们就住在那个院子里，生活起居，就像住在亲戚家。后来我才知道，这个选择是多么的幸运。这座建筑是最典型的纳西族院落之一，有大小两个院子，一进式院落，主院用来居住，偏院用作厨房，都是四四方方，院中种满花草。我们每天饭后都在偏院和主人一起喝茶聊天，听流水潺潺。主人李实很热情，他还向我们介绍丽江的文化掌故，风俗禁忌。女主人则带我们去四方街和老乡游客们一起跳舞——那才是正经八百的广场舞呢！（见图9.12、图9.13、图9.14、图9.15）

图9.12　丽江激沙沙客栈大门

图9.13　丽江激沙沙客栈外墙

图9.14　丽江激沙沙客栈客房

图 9.15　丽江激沙沙客栈院落

5. 丽江山居

图中的丽江，比现实的更"真实"。虽然丽江被称为水城，但是图中这种顺山而建的民居，在丽江也不少见。（见图 9.16）

图 9.16　丽江山居山墙

第三节　丽江建筑特点——纳西合院多枕水

（一）房屋布局：临水顺山，四合天井，一进两院

"城依水存，水随城至"，是丽江古城和建筑的一大特色。丽江纳西民居建筑一般是高约 7.5 米的两层木结构楼房，也有少数三层楼房，为穿斗式构架、垒土坯墙、瓦屋顶，设有外廊。（见图 9.17、图 9.18）

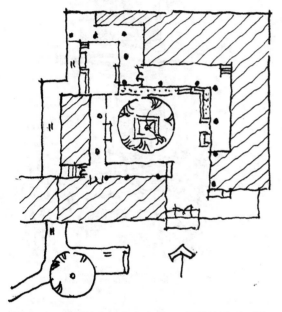

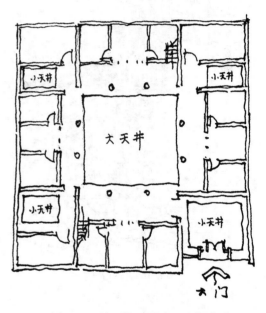

图 9.17　大研镇七一街兴文巷 74 号激沙沙平面图　　　图 9.18　纳西族民居平面示意图

　　丽江古城中大片保持明清建筑特色的民居建筑，其布局主要是合院式，包括三坊一照壁、四合五天井、前后院、一进两院、两坊拐角、四合院、多进套院、多院组合等类型，其中以三坊一照壁和四合五天井为典型。三坊一照壁，即主房一坊，左右厢房二坊，加上主房对面的照壁，合围成一个三合院。四合五天井指由正房、下房、左右厢房四坊房屋组成的封闭式四合宅院。除中间一个大天井外，四角还有四个小天井或漏间。三坊一照壁、四合五天井是丽江民居中最基本、最常见的形式，其他布局形式都是它们的变异、演化、发展和组合。三坊一照壁是丽江纳西民居中最基本、最常见的民居形式。一般正房一坊较高，方向朝南，面对照壁，主要供老人居住；东西厢房略低，供下辈居住；天井供生活之用，多用砖石铺成，常以花草美化。如有临街的房屋，居民一般将它们作为铺面。

(二)外部造型：穿斗木楼，悬山土墙，厦廊穿插

纳西民居主要是悬山坡顶，土木外墙。外墙土石砌不到顶，后墙上部用板枋材隔断，两端山墙用"麻雀台"压顶与山尖隔断，出檐悬桃显得很深邃。山尖悬串一块很长的悬鱼板。墙体从下到上往里微微倾斜，屋面舒展柔和，房屋构造轻盈飘逸。(见图 9.19、图 9.20)

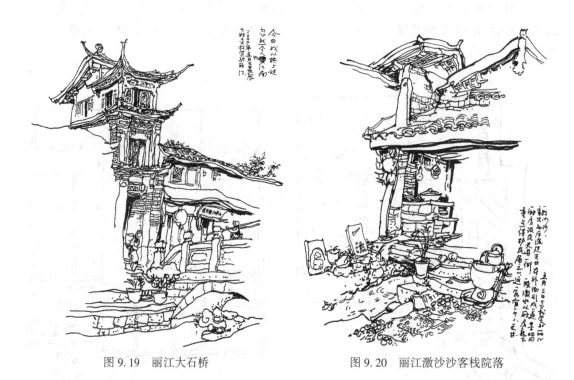

图 9.19　丽江大石桥　　　　　　图 9.20　丽江激沙沙客栈院落

纳西民居在体型组合及轮廓造型上纵横交错，轮廓优美；外观的立面多为石砌勒脚，墙面抹灰，墙角镶砖，青瓦铺顶，色调和谐，外观朴素。纳西民居是以木构为骨架，以木结构为主的土、石、砖、木混合构造体系。因构造种类众多，房屋造型多样，内容丰富。每种构架式都有其名称，各种构架组成的房屋以构架式命名。这里的民居糅合了中原建筑和藏族、白族建筑的技艺，形成了向上收分土石墙、跌落式屋顶、悬山屋顶、小青瓦、木构架等建筑手法。这里和白族一样也采用院落式建筑布局，但和白族显然不同的是，它们采用了悬山屋顶而不是白族的硬山屋顶，它们没有钟情于外墙涂抹白色和运用彩绘，而是把木材和土石墙体原本的色彩与质感露出来，这是最鲜明的特点。

1. 四方街的舞蹈

这里的四方街有别于大理周城的四方街，人们白天在街道上做生意，晚上跳舞聚会，

似乎更加浪漫奔放。(见图9.21)

图9.21 四方街舞蹈(网络照片)

2. 悬鱼

丽江纳西族民居建筑使用悬山屋顶,两坡屋顶封檐在山面交接的地方,垂下鱼形的装饰,各家的悬鱼图案又各不相同。(见图9.22、图9.23)

图9.22 纳西民居悬鱼　　　　　图9.23 纳西民居悬鱼

3. 东巴文字

丽江纳西族的象形文字由东巴(智者)掌握和使用，是丽江古城一道亮丽的文化风景，是民族文化的活化石。(见图 9.24)

图 9.24 东巴文字(网络照片)

第四节 画意与审美

丽江这个地方，虽然保持着传统的格局，但是文化很开放，商业很活跃。尽管远在彩云之南，但是那里的人民生活富庶而安宁，城市和建筑都与山水协调而井然有序，改变了我对偏远少数民族地区的建筑文化和建筑成就的固有印象。

(一)风貌与内涵总结

丽江是西南少数民族地区高原古驿道上的重镇，经过精心的营造和良好的传承，呈现出完整独特的风貌。丽江古城依托高原雪山的骨骼，嵌入对环境的规划组织，运用土木石的构筑，安排出古道商贸的功能，引入泉水便利城中百姓生活，蕴含了纳西族人民的智慧和开放包容的性格。商而不繁，居而不闭，宁静的人居，质朴和谐，也是一幅古风犹存的风景画面。它们真实地反映了纳西族人民的社会背景、生活水平、居住方式，也承载了人们对美好生活和居住建筑艺术的追求。

(二)水墨画特征要素

和白族民居白墙包裹的特点鲜明不同，纳西族民居露出其土木石墙体原本的色彩与质感。但丽江的房屋质朴而非"土"，是因为在时间的侵蚀之后，最真实的建筑也往往是最朴素的。木、石、土，是构成传统建筑的必要物质要素，纳西民居并非简单地对其进行堆砌，而是吸纳糅合不同民族的技艺，运用独特的建筑手法，彰显本土材料的质感与一呼一吸。

　　丽江最有特色的是它的流水穿城，它是高原的水城。地域不同，水也有着不同的性格和气质，江南的水柔情，徽州的水真实，丽江的水充满了灵动。古城的水柔化了俊朗的建筑，也打通了小城的经络，在门前巷口，随着泉水的曲折与开合，建筑空间也变得自由与舒朗。房屋伴水，水绕小院，仿佛自然是一体的，院中潺潺流水，庭前簌簌竹影，一派画中人居。

　　在这幅画中，可以从屋顶参差错落的房屋里看到袅袅炊烟，可以从土石筑就的巷边院中听到潺潺泉水，还可以从深远檐下木质悬鱼雕饰中读出对生活的胜景期盼。（见图9.25、图9.26）

图9.25 丽江水街

图9.26 丽江双孔石桥

(三) 审美经历与体验

离开丽江已经十九年了。那里现在是什么样子，我自然是不得而知，但是我梦中的丽江，应该还是从前的样子——匆匆的一次游历，我本没有权力说我是研究过丽江民居的，只留下初步的观感，很多细节还没有深入。但亲身的体验，还是给了我真实的印象和记忆。至今都感谢建筑学老前辈高介华先生，当他得知我要去大理，便鼓励我一定去丽江看看。虽然当时领队的朱老师对此不以为然，认为是我贪玩，然而我毕竟去了丽江，不然时至今日如果还没有去丽江我不知道该有多后悔。我今天还和江西抚州的朋友交流，我们曾经潜心乡土建筑二十年，但是当它成为一个研究热点的时候，我考虑的是随时准备退出。因为在我们心中，做一件事，就希望安安静静，独立思考。学习乡村既是破除自己的无知和狭隘，是践行亲力亲为的体验式学习，也是自己的感情寄托，而我们心中对乡村和乡土建筑的理解，同样也应该是安安静静的。

在丽江的探访，最深的印象是闲适和忘忧，使人得以静下来打量和体验身边的城市和院落。丽江的老街并不淡漠，而是多了一分静，静心，静行，静休，静思。丽江美食，丽江粑粑、豆焖饭……油而不腻、香脆两宜，又能使人增添一份沉静。心静下来，正如茶叶沉淀到碗底，醇厚清香。也正是因为静，才能扩大自己的感官，游走在丽江的老街，获取不一样的感知体验：屋檐上蓄势待发的水滴、吱吱呀呀轻启的木门、路面的五花石缝里疯长的野草……从这些与常日不同的维度出发，也许可以构建一个更加丰富立体的丽江。

第十章
四明山古村落群：天上聚落，历代隐居

第一节　地理与文化背景——丹山赤水间的隐居胜地

"丹崖碧水，茂林修竹，鸣禽响瀑，茅屋板桥。"

浙东四明山也称金钟山，跨越嵊州、上虞、余姚、鄞州、奉化五市区，位于宁波以西、绍兴以东，包括两个地区之间大约 800 平方公里的范围。浙东四明山古村落群，就是这约 800 平方公里范围内分布的古村落，是这一区域内数百个仍然保持着传统形态风貌古村落的总称。这些古村落地跨宁波和绍兴两个地区，分布在四明山的东西南北，山顶、山腰、山脚，上下参差、前后照应，形成了一个具有共同或相近文化背景和建筑空间特征的区域性聚落和民居建筑体系。这些村落共同的特点，其一是尽量选择在交通相对不便的大山深处；其二是大多数村落家族宗谱中都记载着一个落户祖先隐居深山或迁居深山的故事。

浙东四明山古村落群是这些具有隐居性质的古山村优秀的代表和宝贵的遗存。我对浙东四明山古村落群的特色与价值的理解，有两个基本观点：一是与山水契合，得自然之灵。浙东四明山古村落群与特定的山水地理环境地形完美契合，它们"相土择宜，辨方正位"，定居落户，代代传承，为我们留下了形态风貌极其丰富的山水村落实例。二是有隐逸之风，具有人格文化力量和高古之气，这都是浙东四明山古村落群朴素外表下的真正魅力。提炼出隐逸村落这个具有重要意义的价值主题，是因为作为归隐山林者的家园，这里的村落寄托着隐者高贵而诗意的品格，它代表的是中国文人的一种难得的基本气节和理想追求，是中国传统文化中不可忽略而且特别有尊严的一面。这一特质使中国传统文化有了一个多元的健康的生态，也使中国传统的古村落和民居建筑遗产有了不同于世俗村落的珍贵范本。

浙东四明山古村落群是飘逸在长三角经济圈上空具有文化人格力量的脱俗境域，它们所在的宁波绍兴地区，属于长三角经济圈，社会经济发展十分迅速，城市建设和现代化进程迅猛，到处被现代文明所覆盖。但就在这样一片发达的区域却横亘着巍巍八百里四明山，不仅有莽莽苍苍的绵延群山，还有飘飘扬扬的白云迷雾，更有星星点点的茅庐草舍。山上基本保持着良好的生态环境、朴素的建筑风貌和原真的生活氛围，不但秉承了其先祖不染尘埃的传统，还与山下的喧闹形成鲜明的对比，更衬托了其中所蕴含的强大的文化人格力量。它们被宁绍文化所熏染，容纳了历代的文人隐士，被他们寄予理想，被他们经营，被后人呵护，外表古雅沉郁，表现出浪漫脱俗、如诗如画的意境和韵味。

浙东四明山古村落群是中国江南地区具有独特文化内涵和保存状况良好的隐居聚落群，是中华隐居聚落文化的活标本。它们有异于一般古村之处在于其独特的隐居文化，历代高士与先民的隐居历史代代相传，使村落拥有了淡泊、高洁、执着、守志的品格。深山隐居使浙东四明山古村落群的精神更加纯粹，也维护了古村落的风貌格局不被现代文明所刨蚀。因而，浙东四明山古村落群在中国乡土文化中犹如一株世外奇葩，在浙东山区默默绽放异彩。

第二节　聚落特点——山上壮美山下秀

一、基本特点概述

(一)选址分布：山腰山谷，山为骨架，溪为衣带

四明山是一座历史文化名山。四明山古村落群分别坐落在山腰、山谷、山脚，甚至山顶，形成"山顶盆地""山腰台地""山腰叠台""山谷叠溪""山脚溪畔"等村落基址。村落的建设，与地形契合，和所在的基址共同形成骨骼形态。

山上的村落，根据选址，借助山势，大开大合，气象雄壮；山下的村落，依傍溪流，小桥流水，幽深温婉。峰回路转，座座村落，风情各异，美不胜收。其座座山居的构图，许多在宋元古画里面可以找到范本。

(二)布局肌理：依山排列，石梯联通，团带各异

村落的内部布局，或者尽量利用平地组织街巷；或者按照等高线排列，通过石梯联系交通；或者平行溪坑布置建筑。由于微地形的不同，也呈现出丰富的村落形态，有台地型

的团状，有沿河展开的带状，有顺山跌落的阶梯状，有沿多个峡谷延伸的手指状，还有沿山谷盘旋的漏斗状，等等。

二、案例赏析

（一）山腰村落的代表——柿林村

> 高栖只在千峰里，尘世望君那得知。
> 长忆去年风雨夜，向君窗下听猿时。
> ——唐·施肩吾《寄四明山子》

柿林村位于宁波市余姚市南部的大岚镇，四明山中部，大皎溪中游，属山腰台地型村落。其紧邻的著名旅游风景名胜丹山赤水，和古村落紧紧相连，浑然一体。丹山赤水古为道教兴盛之地，为道教三十六洞天之第九洞天。丹山赤水是古村的一部分，古村也是丹山赤水的一部分，二者天然同构，不可隔离。一个是大自然造化的山水景观，一个是人烟稠密、拥有古风古韵的民居群落的村落。柿林古村的深巷小弄是进入丹山赤水风景区的必经之道。村中有小弄、深巷、古井、大院和独特的丹石干砌的民居群，还有祠堂、佛庵、古树，是一座文化结构十分完整的古村落。

1. 柿林村俯瞰

整个村落坐落在群山环绕之间，当地称其为莲花的花蕊。（见图10.1、图10.2）

图10.1　余姚柿林村俯瞰手绘图

图 10.2 余姚柿林村俯瞰

2. 高士隐居

柿林村的始祖沈太隆，元代末年来此游玩，口占一绝："洞天福地甚奇哉，不染人间半点埃，相土择宜居此乐，岭头唯有白云来。"于是携妻儿来此隐居，600 余年烟火不断，繁衍出千余人口的大村。

3. 村落靠山

背靠"太师椅"、状如螃蟹(母)，表现出万物有灵的思想，传神移情。村落被山体环抱，围成相对独立的小环境、小天地，有母体环抱的模拟意象，也有安全的考虑。(见图 10.3)

图 10.3 余姚柿林村靠山

柿林村对面的朝山也状似螃蟹，是公螃蟹的意象。公与母，是天地阴阳大的生命机制的反映。这种构图，有这两只螃蟹照应与呵护，是柿林村人大的生命理念的寄托，是一种美好环境的审美意愿。

4. 狮子岩脚

狮子岩位于柿林村后的靠山上，脚下有一块小岩石，形象为母狮。而对面山上也有一块巨大的岩石，形象为雄狮，两者对照守望。据说，山对面的雄狮会源源不断将食品送到山这边母狮身边。石狮有情，山水有灵，人的生命也与之相通相感。(见图10.4)

图10.4　余姚柿林村狮子岩脚

5. 古树林

柿林村目前不仅有众多古柿子树，而且在村后保留有古树林，分别为千年山樱桃和古櫎树、古金钱松，作为风水林，护佑柿林村民。(见图10.5)

大树既是风水的标志，又有凝聚人气的作用。古树被赋予神性的力量，是天地生命场的标志。古树林作为村落的组成部分，具有极其重要的地位。

图 10.5　余姚柿林村古金钱松

6. 赤水溪和赤水桥

一条溪流峡谷犹如天河分出了人间和仙界，一座拱桥犹如彩虹连接了二者。一步之遥，反映人间与天上和仙人是没有明确界限的，是模糊的，不同于西方的人天隔离与对立。桥东是道教圣境，桥西是人间古村。一个非凡的大构图。（见图 10.6、图 10.7）

图 10.6　余姚柿林村赤水桥

图 10.7　余姚柿林村赤水桥俯瞰

7. 丹山崖壁

丹山崖壁是道教的标志性景观。几百年来，仙俗两家共享这份自然环境。四明山确有"丹山赤水"之称。相传，四明山曾是东汉上虞令刘纲求道成仙之地。刘纲弃官后，同妻子樊云翘在四明山的白水山潺潺洞向仙人求道，得道后在大岚升天成仙。后人为纪念他们，在其飞升处建祠修观。唐道士司马承祯（公元647—735年）在其所撰的《洞天福地之天地宫府图》中，在其所游历天下名山后，列出天下"十大洞天、三十六小洞天，七十二福地"，其中有："第九：四明山洞，周围一百八十里，名丹山赤水之天。"将四明山列为三十六小洞天中的第九。（见图10.8、图10.9）

图10.8　余姚柿林村崖壁摩崖题刻

图10.9　余姚柿林村面向崖壁

唐天宝三年（公元744年），唐玄宗派使者前来，扩大原有道观规模，并欲在飞升处新建祭祀刘纲的庙宇，但终因飞升道路艰险，于是将庙宇移建在潺潺洞外的刘、樊故居旧址。北宋政和年间，宋徽宗为庙宇御笔亲书赐门额"丹山赤水洞天"六字，这也正是宋徽宗曾亲书"丹山赤水"典故的由来。然而，宋徽宗御书并未刻成摩崖，庙宇也早在明正德至嘉靖年间被毁。柿林村的摩崖题刻显然并非宋徽宗所亲书，只是近十年间为开发旅游而集宋徽宗真迹仿刻上去的。

从柿林村院落看丹山赤水洞天崖壁，俗世神仙两家相互守望，天人感应，生生不止，代代不息，相互关照。

8. 沈氏宗祠

柿林村是沈氏聚居的单姓村落，村中保留有完整的沈氏宗祠。虽居山上，但似乎深受道家文化濡染，村落依然以儒家文化宗法社会为文化背景和社会基础。祠堂是血缘村落的象征，在此，宗法文化、道教文化、山居隐逸文化三位一体。（见图 10.10）

图 10.10　余姚柿林村祠堂整体外观

9. 祠堂戏台

祠堂戏台不仅是娱乐的场所，还有着教化的功能和作用。（见图 10.11）

图 10.11　余姚柿林村戏台整体外观

10. 新丘里院落

　　新丘里是柿林村典型院落。和平原地区一样，这里的居住也采用院落式。但这里很少有多进式格局，多为三合院。这种合院又和天井式院落不同，它有着浙江建筑的楼居特点，而且沿着天井一圈檐廊(厦廊)，既可以防雨，又可以防风。(见图 10.12、图 10.13)

图 10.12　余姚柿林村新丘里院落

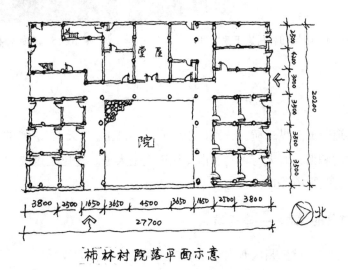

图 10.13　余姚柿林村新丘里院子平面

朝着山谷的是一面照壁，这是对山区地形和气候的适应。半公共的村落空间结构，社会关系和谐的人居，干净、整洁、保持古风是其突出的特征，显示着古老文化的强大生命力。

11. 古同心井

柿林村虽然只是四明山的一个普通山村，但它有许多十分独特的地方。柿林村流传着一种说法：一个姓，一口井，一条心。柿林村中有一口闻名四乡的古井，这口井位于古井弄与老年活动中心的院落交叉处，相传是峙岭(柿林村初名峙岭，后又更为士林、柿林)的头代太公亲手所挖。它一直是村人和睦相处、同舟共济的纽带和象征，因此名为同心井。(见图 10.14、图 10.15)

图 10.14　余姚柿林村岩下泉古井　　　　　　图 10.15　余姚柿林村同心古井

12. 村中巷道

柿林村的巷道分成三纵三横，分别位于不同的标高上。"天人合一"的中心思想就是和谐，有人与自然的和谐，有人与人的和谐，天道就是人道。这也是重要的历史景观，是文化深厚的标志。(见图 10.16)

(二)溪畔村落的代表——李家坑

李家坑村位于宁波市鄞州区西南章水镇，四明山中部，大皎溪中段，属山谷溪畔型村落。李家坑村原名徐家畅村。始祖李龚荐自清初于永康长恬迁入定居。因见李家坑山环水

绕，景色秀丽，随即披荆斩棘，垦地开荒，建舍发族。（见图 10.17、图 10.18、图 10.19）

图 10.16　余姚柿林村古巷

图 10.17　鄞州李家坑村大皎溪一景

图 10.18　鄞州李家坑俯瞰

图 10.19　鄞州李家坑石头砌墙

此处有大皎溪溪流冲击出的滩地，村落即建筑在凸起于河岸的平地上。村旁的溪流落差较大，终日涛声不绝。从柿林村登古道翻山来到大皎溪畔的李家坑，虽然只需要一刻钟，但是这段路程真的给了我"桃花流水窅然去，别有天地非人间"的惊喜。这里得到大自然的眷顾，后山上坐落着著名的仗锡寺，山水环境非常优美。如果我给柿林村一个"白云村"的别名的话，那么我希望李家坑也有一个"溪声村"的别名。

村落分布着四座完整的四合院落和二组三合院落，建筑四方天井，四周围廊，木架结构，黑瓦石墙，精雕细琢，方正开阔，堪称山中民居的经典。

（三）其他四明山古村落

1. 余姚里冠珮村

> 爱彼山中石泉水，幽深夜夜落空里。
> 至今忆得卧云时，犹自涓涓在人耳。
>
> ——唐·施肩吾《忆四明山泉》

里冠珮村坐落在余姚市四明山北麓山谷，冠珮溪溪流之畔，属山脚隘谷小村，明末大儒朱舜水的祖先北宋时期选择在此隐居。因为溪边没有什么平地，村中建筑紧紧沿着溪畔，平行于等高线高低排列，村中民居以三合院落和条状民居为主，面向溪流，枕溪而居。（见图 10.20、图 10.21、图 10.22、图 10.23）

图 10.20 余姚里冠珮村村口：山谷中的村子

图 10.21 余姚里冠珮村村口

图 10.22 余姚里冠珮村潭瀑

图 10.23 余姚里冠珮村内一景

　　竹林包围着村子，村中院子、道路、溪岸均为石板铺砌，溪流跌宕，形成多个小潭瀑。村口开口很小，道路婉转，古桥、古树、古庙，将村落紧紧遮蔽在内部，村口桃花，村尾梨花，象征古村的勃勃生机，的确是一处隐居的好地方。

　　2. 余姚北溪村

　　北溪村位于余姚市四明山镇，原来属于奉化，地处四明山中部腹地，大皎溪上游。据北溪《卢氏家谱》记载，南宋年间，卢氏从北方南迁，分支到奉化、余姚、东阳等地，有位叫卢谷良的奉化州判，居官三年后隐居卢埠头。他向往与北溪相邻的四窗岩胜境，初夏一日，上雪窦山，过徐凫岩，"至北溪，见豁然开朗，环峰带涧，山明水秀"，自感有幸，大呼"乐土！乐土！爰得我所！"自此携家住到北溪。（见图 10.24、图 10.25）

图 10.24　余姚北溪村：溪畔的村子水塘一景

图 10.25　余姚北溪村水塘一景

整个村落坐南朝北，溪流转弯的凸出处，有典型的枕山、靠水、面屏的风水特征。村落后的山体沿东西方向左右延伸，形成青龙、白虎之势，将村落环抱其中。一条溪流（当地叫大溪）自东向西从村旁流过，并在村落西边转弯 180 度改而继续向东流。村口（下水口）和左侧青龙山之上存有古风水树数棵，分别为古银杏、古枫树和古枫杨，均具有 500 年以上的历史，并形成了"丹枫古道"。左侧青龙山延伸到村北的山嘴（名字"鹅颈仰"，为龙爪)上建有文昌阁,与村落形成对景。村落之中保留完整的四合院落建筑以知府第为代表。

3. 余姚坪头村

坪头村位于余姚市四明山镇,地处四明山中部腹地,大皎溪上游,为中国红枫之乡。村落四周开阔,是一个典型的山顶台地地形。(见图 10.26)

图 10.26 余姚坪头村:山顶上的村子

村子建在高台上,整体地势倒比较平坦。村子规模很小,村口几间石砌古宅,衬托着枝丫遒劲的巨型古树,分别是金钱松、圆柏和青钱柳,树下立有巨石,刻字"松柏倚天"。古树下还衬托着几株美丽娇柔的红枫,那轮廓、那构图,仿佛只有中国古画中才有的画面。

村落溪流下游两株高大金钱松下的古庙、古桥处,又有一座石碑,刻着"双树凌云"。四明山古村落中,古树有名是茅镬,而我以为古树好看则是坪头。

4. 奉化葛竹村

葛竹村属宁波奉化溪口镇,位于四明山西南脚。据《葛竹王氏宗谱》记载,王氏始祖王敬玘,曾在唐天佑年间任明州刺史,致仕后隐居奉化连山乡万竹(今属大堰镇),其五世孙王爽北宋年间迁居葛竹,被奉为葛竹始迁祖。

村落选址在西晦溪之畔，坐北朝南。北依四明山，内含西晦溪，村舍缘山势而建，错落有序，观望葛竹村，刚好坐在四明山的怀抱中，形同交椅，所以有"金交椅"之称。村前峰峦并列，形如笔架，所以又有雅号"仙笔乡"。葛竹村是蒋介石母亲王采玉的出生地，蒋氏亲戚王震南、王世和等亦曾任国民政府达官，故现在村里有许多台属。

目前葛竹村里一批清代及民国建筑保存得还相当完好，包括葛竹王氏祠堂（"溯源堂"）、武岭学校葛竹分校旧址、"上三房"、王震南故居等。

5. 嵊州前冈村（泉岗）

前冈村位于四明山西麓嵊州市下王镇，是覆卮山南麓的大村。这个高山山腰上的古村，三面被山包围，一面跌宕山谷，山谷那边的山峰绵延。其中正对的中间有一座山峰称"双肩峰"。村子里有二十余家台门院落，均为商家宅邸，白墙黑瓦，木构梁架，大门进入，需登上高高的台阶，显示山居特色。村落主要部分朝南，其他三个方向向中心形成围合，并向山谷形成叠台。山头坐落着国民党少将俞丹屏别墅，成为村落的标志。

整个村落民居改变不多，结构清晰，蔚为壮观。（见图 10.27）

图 10.27　嵊州前冈村：从山腰上俯瞰村子

6. 嵊州华堂村

华堂村位于嵊州市金庭镇，四明山西部山脚下，是王羲之后人聚居的一方人烟稠密的大聚落，人口有 3500 余人。（见图 10.28、图 10.29）

图 10.28 嵊州华堂村：村子临河一景

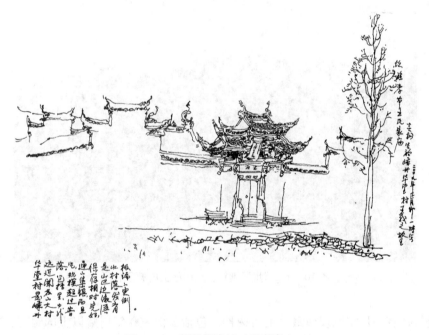

图 10.29 嵊州华堂村王氏家庙入口

村落坐落在山脚溪畔，村内祠庙总总，渠巷井然，一派儒雅古镇之意象。作为王羲之后人，华堂村文化气息十分浓厚，村民多爱习书作画，尤爱书法，并成立有金庭书法协会，经常举办书法交流活动。村中几乎家家户户都有自己动手书写书画装饰门庭和厅堂的习惯，而且都有很深的功力，整个古村沁发出芬芳的墨香，不愧为书圣后裔故里。整个村庄地形平坦，位于上东江流域平溪西侧。村中曾被统一规划，所以格局完整，已经形成了棋盘式路网，王姓按居民各自派别分区聚居，功能配置完整。

村落大致呈方形。东西方向有前街、后街，分别长 300 米，宽 3 米；南北方向是两条横街，共同形成"井"字形布局。路面铺以鹅卵石，主干支脉复杂，集成度高，空间丰富，人气旺。市井繁荣，商铺林立；村中院落规整，建筑精美，世俗生活气息浓郁，是四明山中街道最为规整、内部功能最为齐全、商业最为发达的村落，已经有远离山野之感。

7. 鄞州茅镬村

茅镬村位于鄞州区西南章水镇，四明山中部，大皎溪中游，为山腰型村落。严子陵后裔在明代迁居并隐居于此。

茅镬村坐落在山腰之上，上下落差 50 余米，建筑沿等高线层层排列，有石梯贯通上下，并延伸至山下的大皎溪。村中民居几乎都是条状一字横屋，没有形成完整的四合院落。（见图 10.30）

图 10.30　鄞州茅镬村：从山腰上的俯瞰村子

茅镬村拥有一片宁波规模最大的古树群，包括 3 棵 800 年树龄以上的银杏、79 棵 500 年和 30 余棵 300 年树龄以上的榧树以及逾千年树龄的金钱松。

假如从公路对面遥看坐落在山腰的茅镬村，一定会被它凭山望谷的气势所折服。我一直遗憾自己没有在茅镬村夜宿，因为我觉得对茅镬村村弄的空间变化的体验是那么的有趣，也因为我特别憧憬那样的宁静而神秘的夜晚。高山古树环抱，在深深的黑色里，只有星星点点的灯光。

8. 余姚芦田村

芦田村位于余姚市四明山镇，四明山中部，大皎溪上游。这里也是王羲之后裔迁居的村子。据《王氏宗谱》记载，500 多年前，王氏祖先从嵊州前往上虞乾溪扫墓，路过此地，见山谷状若圈，泉香林茂，心生喜欢，随手插芦竹于田，定宅而居。之后，村内芦竹摇

曳，茅屋连片，人丁兴旺，芦田村名因之而得。（见图 10.31）

图 10.31　余姚芦田村：村子水塘一景

芦田村位于海拔 700 多米的山上，与嵊州、上虞两地相接。村落坐落在山顶小盆地池塘之畔，属于山顶型村落。其下水口的位置，地势和格局险要，古树古庙散布，风景很美。村中尚存王氏祠堂和两座完整的台门院落。

村落高悬在山顶，山势高耸，落差非常大，站在村前平地眺望山下，视野非常辽阔。

9. 余姚中村

中村位于余姚市鹿亭镇，四明山东北，小皎溪之畔。据说此地正好是四地（距鄞州、奉化、余姚、上虞各 45 公里）、三镇（距鄞江、梁弄、陆埠三镇各 20 公里）之中心，"中村"之名由此而来。

相对于大皎溪那些村落如李家坑、茅镬等，这里溪畔的基址比较开阔，因此村中的建筑可以自如排列，显得比较亲切平和。村中尚存仙圣庙（始建于南宋末年）、古戏台（始建于南宋末年）、白云桥（始建于唐贞观年间）等古迹。（见图 10.32、图 10.33）

中村白云桥始建于唐贞观年间（627—649 年），后屡次被毁，又得以修复。根据桥顶拱板外侧上镌刻的"光绪庚寅"四字来看，现桥是清光绪十六年（1890 年）所建。

仙圣庙是座道观，大约始建于南宋时期，明代有重建，最后在清康熙三年（1664 年）又重修。

图 10.32　余姚中村：溪畔的村子村内一景　　　图 10.33　余姚中村白云桥（网络图片）

村中传统民居是典型的石墙木构、硬山坡顶、中堂侧厢、底厅楼卧。

第三节　建筑特点——红石卵石砌山居

一、基本特点概述

（一）房屋布局：间头排列，公共院落，底厅楼卧

四明山的民居，尤其是山上山腰的民居，因为平地有限，没有条件修建多进天井的院落。四明山区民居通常采用数间横向联排的方式构成单体，平面呈条形，间数由二间至十余间不等，按照间数称作"几间头"，如五间一排的称为"五间头"，七间一排的称为"七间头"，以此类推。同源家族建造的房屋往往采用奇数开间，当心间开间面阔最大，作为公用的堂屋，用于年节时祭祀、婚丧时行礼、停灵、设宴，闲暇时堆放农具、杂物等。

这里偶有院落，也多是一进天井的三合院。这种院落由多家人共同居住，中间院子是公共的。由于地处东南沿海，气候潮湿多雨，出于防潮方面的考虑，卧室通常安排在上层，下层分为前后两部分，前部作客堂，用来吃饭、会客，后部作厨房灶间，用来烧水做饭。（见图 10.34、图 10.35、图 10.36）

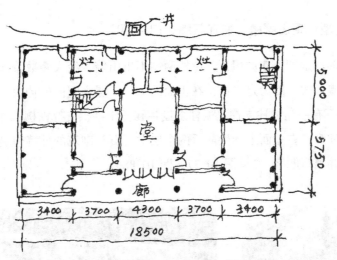

图 10.34 余姚里冠珮民居一层平面

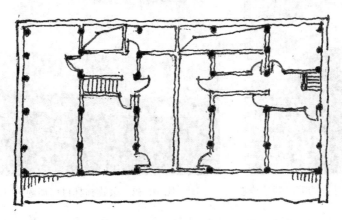

图 10.35 余姚里冠珮民居二层平面

图 10.36 余姚里冠珮民居立面

（二）外部造型：硬山腰檐，黑瓦石墙，门楣题字

屋顶的侧面形态是硬山双坡屋顶，屋檐两端不出山墙，绝大多数普通民居山墙一般不升高砌筑成马头墙形式。因为是楼居，在正面的一、二层之间向外伸出一个屋檐，称为重檐（腰檐）。腰檐下有一列檐柱支撑，檐柱多设牛腿托十字拱支撑檐檩，并在檐下形成一道内外空间过渡性柱廊，在立面上产生前后两个层次。石头砌筑的外墙包裹着木架，门楣一般用白灰粉刷，并墨写题字。（见图10.37、图10.38）

图10.37　余姚柿林村门楣题字"耕读传家"

图10.38　余姚柿林村门楣题字"凤游鱼跃"

二、案例赏析

（一）柿林村民居

1. 民居厦廊

三合院结合厦廊，都是对地形与气候的适应。有趣的是，这里的建筑并没有为了少占地而采用吊脚楼。这就是文化选择的力量。（见图10.39、图10.40）

图 10.39 余姚柿林村民居厦廊　　　　　　　　图 10.40 余姚柿林村厦廊

2. 丹山石墙

在山上开山采石和在溪谷采集天然鹅卵石，二者成为四明山民居的主要外围护结构材料，与山体浑然协调。山上缺少烧砖的土，而且普通的砖不耐风抗寒，于是位于山腰的村落就近开采石料作为建筑的围护构件。选址在溪流之畔的村落则利用溪谷中的鹅卵石砌墙。但是，建筑内部的结构仍然用木材做成梁架，保持着完整的柱列。（见图 10.41）

图 10.41 余姚柿林村民居山墙

　　山村普通的民居，一般是硬山屋顶，条状一字横屋，在当地又称为间头。开间不拘三间，而是根据需要加长排列，形成六间头、七间头等。村中有钱人家的建筑才围合成院落，并有砖砌门头，称为"台门"，厦廊柱头雀替和斜撑木雕很精致。在经济条件很好的古村，分布着许多这种院落，比如山腰上的柿林村、李家坑、前冈，山脚的华堂、石门，等等。

　　这些四明山山腰上的古村中，历史上经商者很多，他们在平原地区收买田地，租给佃户耕作，据说在土改时不少人被划成了地主。当时积攒了财富，才有实力建起格局完整的院落。

（二）李家坑民居

1. 四合院

　　李家坑的人家，因经商致富，又因为坐落溪畔河谷，地形相对平整，村中分布有多座如"奠厥攸居"的四合小院。（见图10.42）

图10.42　鄞州李家坑奠厥攸居四合院院门

2. 三合院

　　李家坑也有环溪楼和与鹿游这种三合小院。（见图10.43）

3. 门楣题字

　　以李家坑村为例，村中保留着六处台门小院，分别都有砖砌的门头，门头的门楣上的题字反映出鲜明的山居特色——"奠厥攸居""与鹿游""环溪楼""水云居""千祥云集"等。

这是和平原地区截然不同的。山上不仅有好水，还有好空气，真正的水云一体，这些门楣题字都名副其实。与鹿游院门的墀头上，还有两行字"溪声常在耳，山色不离门"，正契合了村落的环境和建筑的选址。看到这些，我很惭愧，奉劝世人，莫再奢论什么高大上的文化。古人不仅在文化上高妙、贴切，更重要的是他们是山居的践行者。（见图10.44、图10.45、图10.46）

图10.43　鄞州李家坑三合院环溪楼轩廊木雕

图10.44　鄞州李家坑门楣题字"环溪楼"

图10.45　鄞州李家坑门楣题字"水云居"

图 10.46 鄞州李家坑门楣题字"与鹿游"

第四节 画意与审美

（一）风貌与内涵总结

四明山上的村子，规模一般比较小，分布也比较散，或者说它们与山的契合完成度更高，最接近山居。这里的民居，没有像同样选址山地建村的土家族那样选择悬挑的木楼建筑形式，而是营建石砌的落地院落，被厚重的石块包裹。四明山是中国著名的文化名山，四明山古村落群是具有浓厚隐居文化背景的聚落群，儒道相融的文化背景，历史名人的传说，随山就势的营造观念，闲散超脱的生活状态，井然的秩序，质朴厚重的建筑，是它与许多山居相比较的个性特色。

（二）水墨画特征要素

耕读传家，亦耕亦读，生活条件艰苦，但要读书知礼，活出自尊。知礼是和谐人居的基础。欣赏山里的建筑，要看它与周围环境的构成与契合，看它建筑功能的安排和尺度的设计，看它的砖木石瓦的搭配和典型的形象符号。更要看它深厚的人文背景。游人为什么能够钟情山水，倾心于山居，这是一种文化认同，大家脑海中都有古画的构图，都有诗歌的意境。四明山是唐诗之路的一站——会稽山——四明山——天台山。欣赏四明山古村落和古建筑，怎么可能没有诗？

半夜寻幽上四明，手攀松桂触云行。

相呼已到无人境，何处玉箫吹一声。

——唐·施肩吾《同诸隐者夜登四明山》

黎洲老人命余宿，杳然高顶浮云平。

下视不知几千仞，欲晓不晓天鸡声。

——唐·施肩吾《宿四明山》

　　这些村落分别坐落在山顶、山腰、山谷——或借山势之雄，穿云带雾，宛如仙居；或借水势之柔，枕溪临瀑，流水人家。另外，白溪桃花，古松危岩，不同地势，不同组合，各具情态，各具画意。加上传承有序的隐居文化背景，共同构成独特而完整的水墨画意境。四明山古村落是兼具高远和深远构图的水墨画，也是最接近中国古代山水画丰富构图的现实版。

　　四明山的文人雅韵，厚重历史，闲适村居，山林翠溪，自然特征与人文因素交织于这幅水墨画卷中：疏卷的云雾、雨后的山头、袅袅的炊烟、带泥的锄头、小院前暗香涌动的桃李……在气韵生动的笔墨中，怀揣思古之情，传承哲理精神。

　　见图 10.47，图 10.48。

图 10.47　余姚里冠珮临水民居

图 10.48　余姚棠溪村内一景

（三）审美经历与体验

多年没有再登四明山了。曾几何时，我前后游历四明山达十余年时间，共三十余次。有时候还会梦到山上的情景。少年时代的我，对山居生活并不熟悉，从未造访过山村，更不要说在山上居住了。但也曾经羡慕过山村里超然世外的生活，也有过这样的幻想，什么时候去山里住上一段时间？在我的脑海里，从来没有觉得山村居住是一件多么艰难的事情。这之前曾经住在鄂西地区的利川市大水井村一个多星期，那也是住在真正的大山里。

但是只有四明山成了我山居体验的主要驻地——时不时会去住几天，前前后后，我在四明山上的山村旅居加起来有一个多月时间。

四明山上分布着上百座古村落，犹如遗落山间的珍珠，犹如天上坠落的繁星，为我们当下的居住环境保留一份澄净。很多村落都传承着定居者的隐居历史和隐居文化。四明山教育我，隐居是真实存在的。四明山告诉我，隐居并不是孤单的。四明山还告诉我，隐居是可以平民化、生活化的。

行到水穷处，坐看云起时。中国人的视野，是要登山才能望远的。山居文化在历史上曾经是很多名人雅士所追求的，今天被人们淡忘，因而失落了这个文化明珠——我劝世人回头再看看。

我们江河的源头，在山里。我们精神的大树之根，在山里。

山居，是安宁的、祥和的。特别对于我们这样年龄的人来说，能脱离羁绊，躲进山里，哪怕只停留一天，宿上一夜，凭山望谷，枕松抚云，是多么奢侈！俗语"山中才一日，人间已数年"，说的就是山居的珍贵。世人没有机会进山中体验，并非因为山上生活有什么困难，当然也不是交通的问题，而是挣脱不了心中的纠结。

"山中居住"这样一个主题，将来必会绽放光芒。

于是我们走进山上的村落，感受房屋与山林的和谐美，美在材质的统一，美在精神状态的相似。还可以感受鲜笋青蛳，明山秀水透出的脱俗的山居美味。一户人家，一方小院，峻拔大树，桃红梨白，各吐芬芳。从古至今，无论是"采菊东篱下"的悠然，还是"苔横上阶绿，草色入帘青"的幽静乐道，抑或是"也无风雨也无晴"的淡泊。文人贤士们的隐居的核心观念是"德馨"，与山林同行，与天地携手，坚守自我在精神境界上的豁达，相随圣贤君子之道。

到四明山去，饮一壶清泉，宿一夜山居，吟一赋新词，行至云雾缭绕的山间，在这里，山居古风尚存，林木葳蕤参差，在厚重山石间，返璞归真，探求心里的那份淡然与静谧。我们还会感叹，幸亏世上还有四明山古村落群，令人冲淡对中国人居浓浓世俗气的印象。

第十一章
江西金溪古村落：书乡象山故里，白石印斗人家

第一节　地理文化背景概述

　　金溪是位于江西省东部抚州市的一个普通小县，人口不过 30 万，却被评选为江西十大文化古县之首。金溪乃古临川文化的发源地之一，亦是心学大师陆象山的故里，素有"千年古邑""大儒故里""雕版之乡""临川才子金溪书"的美誉。其内保存有风貌和格局完整的古村落一百余个，保存有质量较好的传统民居数千座。

　　金溪在抚河中游，宋淳化五年(994 年)，临川县的归德、顺德、顺政连同原来的归政共四乡被立为金溪县，属抚州府管辖。金溪境内的古村落遗存，格局完整，风貌独特，保存完好，量大集中，不仅江西罕见，在全国也是一绝，堪称中国明清儒耕文化的缩影。

第二节　金溪古村落的聚落特点——抚河中游田园美

　　金溪境内分布的古村落，格局完整，分区明确，路网清晰，以类型化的公共节点和重要建筑元素来串联村落内部空间，如门楼、祠堂、公祠、书院、村庙、官厅、民居、池塘、桥梁、水井、古道、小巷、场院、围墙、古树、坟山等，按照具体地形和规模、朝向以及各家各房长幼尊卑和财力地位等多方面因素进行组织，把世俗活动空间与田园劳作空间、祭祀空间以及普通居住空间分配得井然有序。内部空间布局序列递进，逐次展开，起承转合，层次分明。它们又根据各自的地形环境和布局构思，形成具有共性且各有章法、个性纷呈的村落组织肌理和风貌格局。自给自足的农耕经济，使得这种内向围合的聚落形

态在数百年间稳定发展——屏山环水的桃源环境中男耕女织，就是中国式田园生活的写照。

一、基本特点概述

(一)选址分布：抚河中下游，平原岗地，人工田园

1. 山水格局

古村落的形态与格局都深受地形的限制和约束。金溪地处武夷山脉与鄱阳湖平原过渡地带，山脉、谷地、丘陵、平原地形皆有，地貌以丘陵山地为主，东南多山地，丘陵、低丘及岗地广布于中部、西部。我们调研的古村落群主要分布在县境中部、西部，大多数村落集中在低丘及岗地，形成一种比较统一的山水环境特征。可以说，金溪古村落的地形特征是介于丘陵和平原之间的岗地。它们大致又可以分为两类：一是地形起伏类，如珊珂、谢坊、后林等；一是地形平展类，如竹桥、中宋、坪上等。

金溪古村落选址在岗地，总体地势变化不大，但微地形有差异，仍然要根据实际的地形特征加以利用，大多是凭高向低、背山(岗坡)面水(池塘)、居险聚气。背后的山体植树为风水林，以作固山避风之用。大耿、戍源、全坊、常丰岭、大拓、印山的风水林都保留比较完整，大多数村落村口还有古树作为标志，比如竹桥、蒲塘、先锋傅家、云雾岭、太坪等；前面挖掘水池，引水入池，可以聚气，也可以调节小气候，几乎每个村落前面都有水塘，大多数是人工挖掘的，成为固有的形式。于是，形成负阴抱阳、背山面水的格局，山体遮蔽后方，成为背景轮廓，水面铺陈前方，拉开视距视野的山、村、水的介质过渡风貌，这就是传统风水观念在村落选址布局中的体现。山水格局与村落基础设施是紧密关联的，村落的给排水主要依赖水塘、水渠和水井。

2. 景观格局

由于遵从礼法的秩序和均齐的营造，整体低调收敛的轮廓，古拙的材料与色彩，同时地形缺少相对起伏变化，金溪古村落不应该算作漂亮。但也有一些具有景观特色的村落，依据一些共有的元素以及它们的组织，形成不同的景观风貌和情趣。

金溪古村落多具山水的元素，还有风水林的元素。这方面比较典型的如后林村是两山夹峙，围墙将湖面环抱在内；蒲塘村是多水环绕，池塘相连，湖村相映；珊珂村是假依小山，泉汇成塘，伴村如镜；竹桥村和游垫村都号称"七星伴月"，前者塘在村内，后者塘在村外；其他村落的形态构成都至少有一面水塘。显然，水元素在金溪古村落的景观构成

中占有举足轻重的地位，美丽的村子是离不开水的。

(二) 布局肌理：村门村墙，一横几纵，门池向心

1. 防御格局

在自给自足的农耕文化时期，防御是城市的第一功能，村落虽没有城市那样坚固与封闭，但也有很多防卫设施具有鲜明的防御性。历史上金溪古村落大多数都建有围墙，比如后林、下宋、东源、竹桥等；有的村落则以连续一排附属建筑的外墙体形成对外封闭的界面，比如北坑与戌源等。

现在仍然有一些村落有村墙的遗留，保存比较完整的有后林、药局、北坑等，不仅围墙保存完整，而且还保存有一座防御特征非常强的门楼；保存有部分村墙残留的有东源、涂坊、下宋等。

2. 交通格局

外部交通要依赖历史上的官道。金溪古村落的内部交通一般由一条横向干道和多条纵向巷弄构成，其中横主纵次。四面门楼，东西为主，即主要道路是东西向从村前穿过，南面的门楼一般为象征，北面由于在村后，一般比较隐蔽。内部则以狭窄的街巷相连，联系各建筑的组团。有的路网比较复杂，比如岐山村村居布局"九桥十八巷，巷巷通山上"；有的比较简洁，比如游垫村的"一横五纵"，等等。

3. 礼制格局

村落的礼制建筑包括祠堂、公祠、社庙、书院等，是村落的精神空间。金溪古村落中的宗祠建筑一般位于村落一端，即下水口位置，如东源、七坊、疏口、蒲塘、游垫、全坊等，但也有位于中心的，如大耿、旸田等。公祠位置则一般比较自由。总的来说，它们并不是几何中心而是精神中心。实际上，有的门楼或池塘反而成为村落的公共中心，建筑由此向后向两旁渐进扩展，形成一种类向心的结构，从而构成了一部分村落的布局形态，比如全坊、杭桥等。

而其他村落则从不同的中心向外展开，形成多中心的复合体，比如竹桥等。

4. 生产格局

村民耕种的田地分布在村落的外围，但是这个范围尺度都不大，很多村子里村民在门楼那里就可以看见田地甚至整个自家的田地尽收眼底。居住的规模与尺度和田地出产之间会有一个比例关系，但尚不明确具体尺度。假如出产有限，应是支撑不了聚落点的数量与

规模的。从这一点来看，金溪古村落的分布似乎显得有些密集了。

5. 文化格局

影响金溪村落格局的，还有文化上的重要因素，包括褒奖取得科举功名的科举文化建筑和褒奖"忠""孝""节""义"四德的功德建筑。

在金溪，科举进士村落分布比较均衡。一个村落走出几个科举人物(举人以上)不是问题，这深刻地影响着村落的整体格局。以合市镇为例，我造访过的古村落计有大耿、聂家、坪上、东岗、游垫、栎树下、楼下、肖公傅家、杭桥等，它们都至少走出过一个进士。村落之中，与这些科举人物相关的建筑(或构筑)，不仅规模大，门楣醒目，而且往往是村落的公共节点，坐落于村落的重要位置——如官厅、桥梁、门楼、牌坊、门券等。而忠义和节孝牌坊等，也是村落的重要格局节点。

6. 居住格局

居住格局泛指各家院落、池塘边、门楼周围、桥梁、街巷交通节点等与居住生活有关的空间，这些空间形成院落—巷弄—池塘—空场的空间层次。

7. 形态格局

以整体形态格局论，金溪古村多呈现沿着一条主要横向道路展开的带状，典型村落有疏口、褐源、黄通、旸田、游垫等；也有沿着多条纵向巷弄并进的格网形成的团状，代表村落有竹桥、东源、楼下、城湖、戍源等；有的是比较自由分散的组合，比如疏口、中宋等。有的内部形态十分紧凑，如全坊、竹桥、东源等；有的相对自由松散，如疏口、杨坊、褐源等。

总之，居高面水，一横多纵，四面门楼，是金溪古村落基本的结构和形态。如珊珂村李家有背山的动态轮廓，是借了山景的特色；又比如蒲塘村的沿湖立面是静态轮廓，是应了水景的特色。

8. 街巷组织

一般景观特色鲜明的村落，村落的街巷组织反而不是严格的纵横分明，但总是有跌宕和变化的路径，才使人产生触动和美感，比如珊珂村内部几乎没有明显的街巷，却给人独特的印象。

在外部空间序列方面，疏口是一线外穿，水一方氤氲一片，村一方里巷连连；杨坊是一线内穿，渠水弯转，带动带活了村中的流线。印山村则是从古庙——枫林——门楼——祠堂——街巷，两旁竹林、池塘，内外序列非常有节奏。

内部空间的张弛虚实：像杨坊、竹桥这样的村落，本身没有特别典型的观赏立面，但是内部空间有层次递进，而且有开合变化，因此在空间体验上给人丰富的感受。（见图11.1、图11.2、图11.3、图11.4）

图 11.1 金溪珊珂村

图 11.2 金溪疏口村

图11.3　金溪杨坊村

图11.4　金溪蒲塘村

（三）典型景观村落

1. 珊珂李家

贴山临水，水有纵深，山有起伏，规模小巧，紧凑集中，界面完整，虚实相间，内外分层，空间幽深——空谷芳草，秀美婉约的独居幽隐之地。

台地上那个院落的组合，由水塘边的石板斜坡走上去，两边房子夹峙出一道"门"（原本有门），貌似可以把自己"关起来"，把尘嚣隔离在外，想想"雨打梨花深闭门"，指的应该就是这里的意境了。而它在水边的轻盈体态和玲珑尺度，又如倩影照镜，有那么一种一低头的羞羞。

2. 后林林家

两山夹峙，围墙包塘，古桥门楼，自成一体，前后呼应，左右舒展，据山前顾，面水如镜，迂回有度——安逸祥和，滋养静气的方外绝尘之地。

后林是金溪防御格局保存最完整的村子。我在围墙外打量它，总觉得这是一幅进不去的古画，充满了某种不解的玄机——后林很静，仿佛几百年来不曾被打扰；后林很远，和我总有一段空灵的距离，所以我甚至莫名地感觉它是一个宋代的村子，比金溪现存其他村子都要早。

3. 杨坊张家

溪流伴村，古桥引路，组团分布，有开有合，纵横错落，四顾有照，流水穿村，潺潺有声，气韵流动——收放自如，从容温馨的恬然流水人家。

我曾经两次进入杨坊，刻意顺水渠走了几遍，听那水声，追那水声，一会儿是转角处的喧哗，一会儿是穿门券的迷踪。当来到巷弄尽头的村外，当渠水并入村外溪流，叮咚的水声消失处——数只寒鸦飞过，此时此景，总是能够撩动人的情绪。

4. 疏口吴家

拂尘布局，佛光禅声，伴水绵延，散状布局，古道悠长，小巷弯转，牌坊官厅，迂回不断，烟波朦胧——宏大叙事，生机盎然的良园美池之地。

春雨淅沥间漫游古村，左手边是古道深深，古巷交错；右手边是水塘相连，树木勾勒出湖岸轮廓，编织出更远处的迷蒙景深。那个临水的花园水榭，虽然仅剩立在水中的石柱，但我能够想象，月色之下，沐浴后的主人，着一身轻装，熏一炉香，邀友抚琴弄月的情形。然而，被遗落的村子空旷寂静，连一两声犬吠都是奢侈。

金溪古村落群中还有很多优美的景观节点，比如耿桥村与先锋傅家临水的组合，比如桥上村的流水穿屋和古桥人家，比如后龚村古树与祠堂的构图，比如蒲塘村被大大小小的水塘拉开的壮阔场面，这些具有景观特色的村落，像画一样，它们不是康斯泰伯尔笔下的英国田园，不是米勒笔下的法国乡村，也不是江南水乡的小桥流水，它们是中国腹地儒耕社会聚落的真实景象。

它们不仅留在那里，还被我带回在记忆之中——虽然，我知道我没有拍到最好的画面，因为我陪伴和等候它们的时间，实在是远远不够的。

5. 特色格局

金溪古村落群的特色格局包括：后林的化外古堡、疏口的拂尘飘逸、游垫的一横五纵、竹桥的七星伴月、杨坊的流水穿村、全坊的众路归心。

6. 保存完整

大耿、北坑、后林、竹桥、疏口、杨坊、全坊、东源、龚家、戌源、下李、游垫、岐山、东岗、桥上、乌墩塘等，都是村落格局保存完整的代表。

7. 村落规模

根据调研，将这些村落进行综合比较，以 300 米为界，或面阔或进深，其中有一个数据超过 300 米的，则为大村。按照这个标准，竹桥、东源、黄坊、疏口、旸田、坪上、大耿、蒲塘、中州、黄通邓家等是大村的代表；游垫、北坑、谢坊、中宋、珊珂等则是小规模村落的代表。

二、案例简析

基于以上对金溪古村落空间结构与功能布局的基础认知，以下便从商帮文化、才子之路、名门高族、姓氏聚居、特色格局等类别来逐一简析其各具特色的村落。

（一）商帮明珠

1. 浒湾

浒湾是中国历史文化名镇和中国传统村落。"刻书刻出九条街"，浒湾出过五位进士，又是抚州最典型的商业集镇，抚州商帮路线的关键节点，金溪书的最好注脚。（见图 11.5、图 11.6、图 11.7、图 11.8、图 11.9、图 11.10）

浒湾保存着完整的商业集镇格局和饱满的街巷肌理，众多典型的古宅兼做刻书作坊和商铺，承载着金溪雕版印刷文化与历史，有江南书乡的美名。

图 11.5　金溪浒湾镇卫星图

图 11.6　金溪浒湾镇刻书老字号

图 11.7　金溪浒湾镇前书铺街(一)

图 11.8　金溪浒湾镇后书铺街(二)

图 11.9　金溪浒湾镇后书铺街

图 11.10　金溪浒湾镇苏州街

2. 双塘竹桥

竹桥村是中国历史文化名村和中国传统村落,"书商打造的精致家园"。竹桥出过举人、文林郎、儒林郎,是抚州以刻书为业的著名古村,以格局规模完整和建筑精致著称,是抚州商帮路线的重要节点,也是"金溪书"的重要注脚。

竹桥村在聚落构成、建筑形制、价值观念、生活习俗上都集中体现了地域特性,展现了鲜明的地方风格和地方色彩。竹桥村较完整的民居建筑群、雕饰精湛的天井式民居、浓郁的雕版印书文化遗韵、崇文尚儒的耕读文化与商贾之风,充分体现了这一地区厚重的地方历史文化。

　　竹桥村保存着完整紧凑的村落格局和肌理，村口古井呈品字排列，村中水塘串联，号称"七星伴月"。从总门、上门、中门到下门，村中街道序列分明，层次丰富，精美的民居建筑包括文隆公祠、养正山房、各座门楼、十房弄、八房弄等，承载着"以人为本"耕读传家的家风和为善者得风水的传说。（见图 11.11、图 11.12、图 11.13、图 11.14、图 11.15、图 11.16）

图 11.11　金溪竹桥村卫星图

图 11.12　金溪竹桥村水塘

图 11.13　金溪竹桥村文隆公祠　　　　　图 11.14　金溪竹桥村内石弄

图 11.15　金溪竹桥水塘一景

图 11.16　金溪竹桥村门远望

3. 琉璃印山

印山是入中国传统村落。"好石头好风水成就的好人家"，印山村出过四位进士和一名翰林。印山是抚州优质灰白石的产地，抚州商帮路线的重要节点，也是临川才子之路的重要节点，山水田园俱佳的古村。

印山保存着完整的村落格局，尤其从村门到村内的空间序列具有丰富的空间变化和景观效果。精美的民居建筑包括明代民居、清代著名商人徐兰仕的商宅、清代祠堂等，以及采石文化遗址，承载着悠久的迁居历史与荣耀的进士家族文化。（见图 11.17、图 11.18、图 11.19、图 11.20、图 11.21、图 11.22、图 11.23、图 11.24）

图 11.17　金溪印山村航拍图

图 11.18　金溪印山村徐氏宗祠

图 11.19　金溪印山村前竹林　　　　图 11.20　金溪印山村内巷道

图 11.21　金溪印山村北门

图 11.22　金溪印山村祠堂前水塘

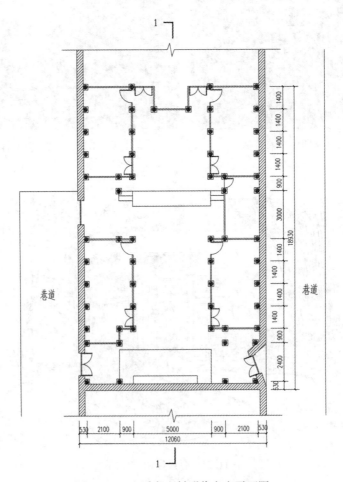

图 11.23　金溪印山村明代老宅平面图

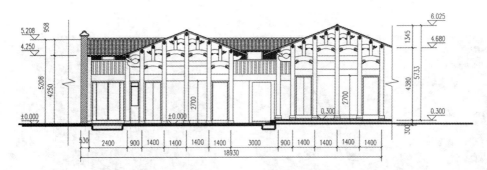

图 11.24　金溪印山村明代老宅剖面图

(二) 名人故里

1. 陈坊岐山

岐山村是中国历史文化名村和中国传统村落。"辛夷花开处，安石外婆家"，王安石外祖父吴家迁居岐山，使得岐山村成了王安石文化的重要节点。

岐山村古建筑群装饰华美、工艺精湛、古朴典雅，不仅是宗族文化的牢固载体和人文昌盛的历史明证，也是儒商文化仁义、务实、诚信品德的忠实传承。

岐山保存着"九桥七巷通后山"的村落街巷格局和精美的大夫第建筑群组团，承载着王安石外祖父吴家的家族文化。(见图 11.25、图 11.26、图 11.27、图 11.28、图 11.29、图 11.30)

图 11.25　金溪岐山村卫星图

图 11.26　金溪岐山村民居门头

图 11.27　金溪岐山村内巷道

图 11.28　金溪岐山村砖雕

图 11.29　金溪岐山村"中宪第"前

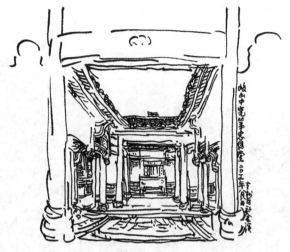

图 11.30　金溪岐山村"中宪第"内部

2. 琉璃月塘

"荆公祖坟今何在？守坟人家语不详"，月塘村是王安石家族祖坟所在地，是王安石家族文化的重要节点。

其特点是以凤山为屏的风水，保存着"荆国世家""金陵衍派"两面牌坊门楼和五圣庙等建筑，承载着王安石家族的名人传说。（见图 11.31、图 11.32、图 11.33、图 11.34、图 11.35、图 11.36）

图 11.31　金溪月塘村卫星图

图 11.32 金溪月塘村凤山

图 11.33 金溪月塘村"荆国世家"宅

图 11.34 金溪月塘村"金陵衍派"门楼

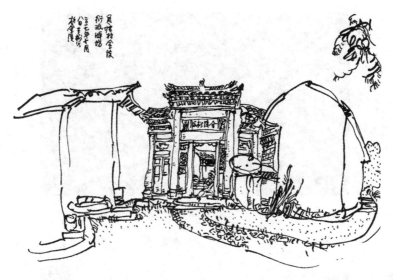

图 11.35　金溪月塘村"金陵衍派"牌坊

图 11.36　金溪月塘村"荆国世家"牌坊

3. 陆坊桥上

桥上村是中国传统村落。"象山故里究何处？青田桥上听涛声"，桥上村是著名思想家陆象山祖居的地方，后来由彭姓居住，出过两位进士。桥上村不仅保存着青田河、青田桥、陆象山墓，生态景观好，还保存着流水穿村、流水穿屋的格局。（见图 11.37、图 11.38、图 11.39、图 11.40、图 11.41、图 11.42）

图 11.37 金溪桥上村卫星图

图 11.38 金溪桥上村青田河

图 11.39 金溪桥上村青田桥

图 11.40　金溪桥上村流水穿村

图 11.41　金溪桥上村门　　　　　　　　图 11.42　金溪桥上村青田义里

（三）名门高第

1. 琉璃谢坊

　　谢坊村是中国传统村落。"叠山节烈后裔，明代四杰扬名"，谢坊村是南宋民族英雄谢枋的后裔迁居之地，出过四位进士、吏部天官。谢坊村是金溪典型的明代才子村，也是临川才子之路的重要节点和名门后裔村。

　　谢坊村保存着坡地小村的格局，弯转起伏的巷弄；保存着精美民居建筑"天官第""瑶林世家"等；村口空间序列和景观非常经典，是谢氏名人的荣耀。（见图11.43、图11.44、图11.45、图11.46、图11.47、图11.48）

图11.43　金溪谢坊村卫星图　　　　　　　图11.44　金溪谢坊村"天官第"宅

图11.45　金溪谢坊村山水环境

图 11.46 金溪谢坊村边一景

图 11.47 金溪谢坊村口景观

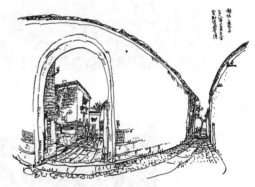

图 11.48 金溪谢坊村内巷道

2. 琉璃东源

东源村是中国历史文化名村和中国传统村落。"沂水圣人裔，隆平旧家风"，东源村是曾子后裔迁居的地方，出过举人、中议大夫、奉政大夫。是名门后裔村，以整体规模格局完整著称。

东源村历史风貌完整如初，至今仍保留着300余栋明清建筑，如庙宇、官厅、宗祠、宅第、门楼、民宅、桥梁等，类型齐全，数量多，时间跨度大，保存完好，在江西地区少见。东源曾家古建筑上的石刻、木刻都比较精细，栩栩如生，石刻尤为突出，古村中每栋古建筑外墙上的石质花窗、雕花纹饰图案都各不相同。建筑门楣上的石匾额更是精美，匾额上的题字或飘逸俊秀，或凝重端庄，或气势雄浑，从文辞到书体都彰显了很高的文化品位，体现出东源深厚的文化底蕴。

东源村保存着团块形状、纵横路网、四面门楼的完整格局，精美的民居建筑包括祠堂、村庙仙师殿、中议第、奉政第、大夫第等，以及大量富有文化的门额题字。（见图11.49、图11.50、图11.51、图11.52、图11.53、图11.54、图11.55、图11.56）

图11.49 金溪东源村鸟瞰图

图11.50 金溪东源村"中议世第"宅

图 11.51　金溪东源村木雕

图 11.52　金溪东源村石雕

图 11.53　金溪东源村村庙入口

图 11.54　金溪东源村内巷道

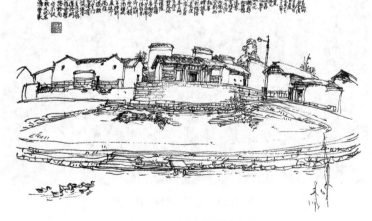

图 11.55　金溪东源村全景

图 11.56 金溪东源村"中议世第"官厅

3. 琉璃小耿

小耿村是徐氏家族聚集的村落，保存着金溪境内最精美的明代牌坊之一；还保存着完整的格局和立贤门、池塘、牌坊、村口等空间序列。（见图 11.57、图 11.58、图 11.59、图 11.60、图 11.61、图 11.62）

图 11.57 金溪小耿村卫星图

图 11.58 金溪小耿村"南州高第"牌坊门头

图 11.59 金溪小耿村水塘

图 11.60 金溪小耿村远眺

图 11.61　金溪小耿村内一景

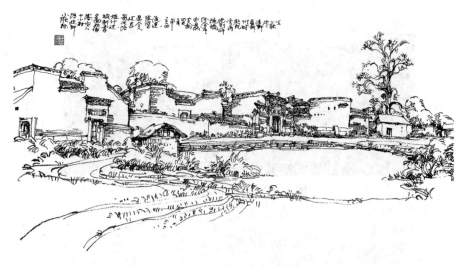

图 11.62　金溪小耿村池塘全景

4. 对桥旸田

　　旸田村是中国传统村落。"千烟之村，向阳人家"，旸田是南宋枢密邓芳后裔迁居的地方，保存着开间 19 米、规模宏大的邓家祠堂、商业街道和街村合一的格局，以及清代邓家官厅。（见图 11.63、图 11.64、图 11.65、图 11.66、图 11.67、图 11.68）

图 11.63 金溪昈田村卫星图

图 11.64 金溪昈田村邓家祠堂

图 11.65 金溪昈田村邓家官厅

图 11.66 金溪昈田村商业老街

图 11.67　金溪畼田村邓氏宗祠

图 11.68　金溪畼田村"中宪第"官厅

5. 琉璃蒲塘

蒲塘村是中国传统村落。"上下天光尽在百池秋水"，蒲塘村是徐孺子后裔迁居的地方，出过四位进士，是临川才子之路的重要节点。蒲塘村的选址和布局上对水系的运用反映了对生态的保护，村落组织上反映了义举文化、科举文化、商贸文化、神话传说等多元特征，使其成为赣东抚河流域聚落形态的典型代表。

蒲塘村保存着两组水塘、两个组团以及"东作、西成、南薰、北钥"四门的整体格局，还保存着金溪最精美的明代洪熙年间的牌坊以及大夫第、世宦祠、明代民居等重要建筑。（见图 11.69、图 11.70、图 11.71、图 11.72、图 11.73、图 11.74、图 11.75、图 11.76）

图 11.69　金溪蒲塘村鸟瞰图

图 11.70　金溪蒲塘村水塘

图 11.71　金溪蒲塘村"容台世望"宅

图 11.72　金溪蒲塘村"名荐天朝"牌坊

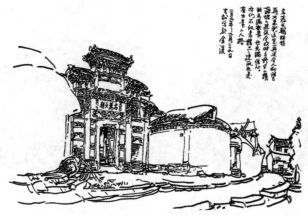

图 11.73　金溪蒲塘村"名荐天朝"牌坊

图 11.74　金溪蒲塘村铜峰古庙

图 11.75 金溪蒲塘村池塘一景

图 11.76 金溪蒲塘村池塘一边

6. 合市东岗

东岗村是中国传统村落。"岁月刀锋不曾消磨山中的精致",东岗村出过一位进士和一位知县,保存着"一横七纵"的结构和两个水塘周围组团的整体格局,还保存着两处明代祠堂、三处雕刻精美的清代商宅等重要建筑。(见图 11.77、图 11.78、图 11.79、图 11.80、图 11.81、图 11.82)

图 11.77　金溪东岗村卫星图

图 11.78　金溪东岗村祠堂

图 11.79　金溪东岗村木雕

图 11.80　金溪东岗村石裙

图 11.81 金溪东岗村宅第

图 11.82 金溪东岗村内一景

7. 合市珊珂

珊珂村是中国传统村落。"美人需藏身，莫怕人不识"，珊珂村保存有登龙第、大夫第、通安州知州故居和金溪古村中最具画意构图的风貌；保存着临水的画意展开面——金溪风貌最美的古村界面；保存着入村的斜坡、高低的层次、紧凑的格局和完整的李家书院。（图 11.83、图 11.84、图 11.85、图 11.86、图 11.87、图 11.88）

图 11.83 金溪珊珂村卫星图

图 11.84 金溪珊珂村池塘边民居倒影

图 11.85　金溪珊珂村旁竹林

图 11.86　金溪珊珂村内巷道

图 11.87　金溪珊珂村竹林掩映

图 11.88 金溪珊珂村池塘全景

(四)才子之路

1. 合市龚家

龚家村是中国传统村落。"尘封的大院，谁解的情衷"，龚家出过明代医林状元，保存有完整的村落格局，规模不凡、功能齐全的龚家大院，明代医林状元的事迹，使其在金溪地区颇具影响力，并留有组团分布的村落格局和精美的"燕翼贻谋"建筑群。(见图 11.89、图 11.90、图 11.91、图 11.92、图 11.93、图 11.94)

图 11.89 金溪龚家村卫星图

图 11.90 金溪龚家村内巷道

图 11.91 金溪龚家大院

图 11.92 金溪龚家大院轩廊

图 11.93 金溪龚家大院后花园

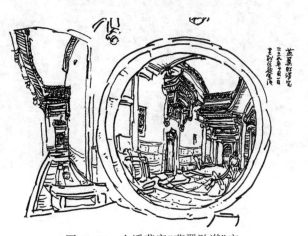
图 11.94 金溪龚家"燕翼贻谋"宅

2. 合市大耿

大耿村是中国传统村落。"麟阁榜眼鼎第，钟岭元水耿桥"，大耿是明代榜眼、礼部尚书故里，出过两名进士，是临川才子之路的重要节点，也是名人故里村、明代特征鲜明和明代遗存丰厚的古村。

大耿村在聚落结构、建筑形制、价值观念、人文底蕴、传统艺术上都具有传承性、真实性，展现了独具魅力的历史和文化。大耿村被誉为"人杰地灵榜眼村"，是明代天顺元年（1457年）榜眼、礼部尚书徐琼的故里。大耿村的建筑群较完整地保存了不同类型的明代建筑和清代建筑，体现了很高的聚落与建筑营造水平，是本地域承载耕读文化、宗族文化、科举文化的聚落典范，也是研究和学习明代建筑的活的博物馆。

大耿村保存着大气开阔的整体格局，留有门内水塘、中心祠堂、内外门楼等，周围环境开阔，保存着典型的明代祠堂、牌坊、明代官厅等一组精美的民居建筑，承载着"榜眼"故里文化。（见图 11.95、图 11.96、图 11.97、图 11.98、图 11.99、图 11.100、图 11.101、图 11.102）

图 11.95　金溪大耿村卫星图

图 11.96　金溪大耿村水塘

图 11.97　金溪大耿村口

图 11.98　金溪大耿村明代官厅斗拱

图 11.99　金溪大耿村祠堂明代梁架

图 11.100　金溪大耿村祠堂明代柱础

图 11.101　金溪大耿村麟阁世家祠堂

图 11.102　金溪大耿村内一景

3. 合市游垫

游垫村是中国历史文化名村和中国传统村落。"一横五纵叙述一个人的(明代侍郎胡桂芳)荣华"，游垫出过两位进士和侍郎、都御史，是临川才子之路的重要节点，是代表明代特征的古村。现存完好、种类齐全的明清建筑生动反映了明代工部侍郎胡桂芳及其家族的传奇经历，为研究明代文官制度提供了详细的史料。

游垫村保存着一横五纵(五座门坊引导的巷弄：进士第、侍郎坊、方伯巷、尚书府、大夫第)的整体格局；保存着明代官厅、明代牌坊、清代牌坊等精美的民居建筑；保存着连续的村落展开立面。(见图 11.103、图 11.104、图 11.105、图 11.106、图 11.107、图 11.108、图 11.109、图 11.110)

图 11.103 金溪游垫村卫星图

图 11.104 金溪游垫村水塘

图 11.105　金溪游垫村节孝牌坊

图 11.106　金溪游垫村胡氏祠堂

图 11.107　游垫村"总宪第"大门

图 11.108　游垫村"总宪第"梁架

图 11.109 金溪游垫村一景

图 11.110 金溪游垫村水塘一景

4. 琅琚疏口

疏口村是中国历史文化名村和中国传统村落。"拂尘飞来化净土，良园美池烟雨中"，疏口出过三位进士和尚书、侍郎、吏部天官，是临川才子之路的重要节点，也是理学名流吴悌的故里。

疏口村人文景观很多，文化积淀深厚，理学遗韵甚多，是名副其实的理学之村。设计巧妙的古井、充满灵气的水域、起居便利的民宅、布置恢宏雅致的官厅等，都从各个方面透露出了疏口先民"以人为本"的生态智慧。古村明清古建筑数量众多，类型齐全，规模较大，是研究古代抚河流域古村落和古建筑极为珍贵的实物资料。

疏口村保存着状如拂尘、东西连绵的格局以及烟雨蒙蒙的连串池塘，是金溪景观最美的古村落之一。还保存着牌坊、天官第、大祠堂等重要历史建筑，承载着理学名流故里文化。(见图 11.111、图 11.112、图 11.113、图 11.114、图 11.115、图 11.116)

图 11.111　金溪疏口村卫星图

图 11.112　金溪疏口村口一景

图 11.113　金溪疏口村"书山垂荫"书院　　　　图 11.114　金溪疏口村"名卿世家"宅

图 11.115　金溪疏口村池塘边

图 11.116　金溪疏口村"明经第"

(五)特色传统格局

1. 琉璃北坑

北坑村是中国传统村落。"池塘的春水温柔了冰冷的古堡"，北坑出过两位进士，是金溪古堡型古村落的代表之一。

封闭的界面，向心的格局，狭窄的街巷，完整的建筑群，独立的书院，工艺精细的石墙裙等，使之成为农耕社会防御性古村特征的代表。

北坑还保存有类似古堡的封闭、小巧、紧凑的格局，保存着巧妙的内环状街巷路径，以及内外水塘和由南向北流的水系特色。(见图 11.117、图 11.118、图 11.119、图 11.120)

图 11.117　金溪北坑村卫星图

图 11.118　金溪北坑村民居界面

图 11.119　金溪北坑村水渠

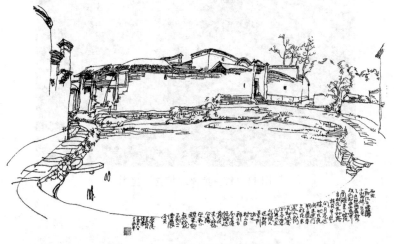

图 11.120　金溪北坑村水塘全景

2. 浒湾黄坊

黄坊是中国传统村落，"府城一样规模的古村"。黄坊出过三名进士，村落有"十八只螃蟹上滩"的风水说法，设有护村河、关隘、城墙、街道、商店、药房、学堂、医院、牢狱、当铺等。保存有 8 条 90 米以上的青石板铺就的主要古街巷和程关、瓦子岭、何关、金家、喻家、下关等 6 大古民居聚落群。该村现存古建筑年代分布从明代—清早期—清中—清晚—民国，每个聚落群的年代特征非常分明。祠堂有 9 座，古建筑气势宏大。黄坊古村多见深宅大院，其绝大多数古建筑的面积都在二百平米以上，一千平米以上的古建筑有 1 栋。

　　黄坊还保存着"杂姓聚居，组团分布，大村骨架"的整体格局和多条砖石精美的巷弄，以及大祠堂、别墅、书院、明代民居等重要的民居建筑。（见图 11.121、图 11.122、图 11.123、图 11.124、图 11.125、图 11.126）

图 11.121　金溪黄坊村鸟瞰图

图 11.122　金溪黄坊村祠堂内部

图 11.123　金溪黄坊村祠堂　　　　　　　图 11.124　金溪黄坊村内部巷道

图 11.125　金溪黄坊村黄岩别墅

图 11.126　金溪黄坊村民居组团

3. 合市崇麓

崇麓是中国传统村落。"一水护田将绿绕，两山排闼送青来"，崇麓出过一名进士，保存有街村合一的格局、蜿蜒的小溪、石板村道和连续整齐的界面；保存有独门大院以及有着明确纪年的明代祠堂建筑，是金溪明代祠堂建筑的代表。（见图 11.127、图 11.128、图 11.129、图 11.130、图 11.131、图 11.132）

图 11.127　金溪崇麓村卫星图　　　　　　　　图 11.128　金溪崇麓村池塘

图 11.129　金溪崇麓村祠堂冬瓜梁　　　　　　图 11.130　金溪崇麓村石板村道

图 11.131　金溪崇麓村邹家祠堂

图 11.132　金溪崇麓村整齐的界面

4. 左坊后车

后车是中国传统村落，先后出过三位进士，有临水的格局、纵横的街巷、完整的建筑群、恢宏的祠堂、精美的牌坊，承载着家族文化的千年沿袭。（见图 11.133、图 11.134、图 11.135、图 11.136、图 11.137、图 11.138）

图 11.133　金溪后车村卫星图

图 11.134　金溪后车村祠堂

图 11.135　金溪后车村祠堂大门

图 11.136　金溪后车村幽深街巷

图 11.137　金溪后车村河边

图 11.138　金溪后车村何氏祠堂

5. 合市全坊

全坊是中国历史文化名村和中国传统村落，出过宋代明经、位同进士，是以格局完整著称的古村。全坊村全村无杂姓，具有强烈的家族宗法观念。其"孝友传家""重儒不轻商"等文化不仅传承千年不衰，而且还影响到村落整体风貌与格局的营建和保存，至今深入人心。

全坊目前保存有辐射状的街巷格局和完整封闭的村落外界面；保存有三座祠堂、中宪第；保存有村口两面牌坊。（见图 11.139、图 11.140、图 11.141、图 11.142、图 11.143、图 11.144）

图 11.139　金溪全坊村卫星图

图 11.140　金溪全坊村远眺

图 11.141　金溪全坊村水塘一景　　　　　　　　图 11.142　金溪全坊村内巷道

图 11.143　金溪全坊村远眺

图 11.144　金溪全坊村池塘全景

(六)姓氏杂居

1. 琉璃澳塘

澳塘以牌坊、池塘形成的典型村落界面为主要特色。

澳塘以杂姓聚居，保存有各姓组团的整体格局，如周家大宅、谢家大宅等重要建筑，以及明代嘉靖年间的大夫坊牌坊。(见图 11.145、图 11.146、图 11.147、图 11.148、图 11.149、图 11.150、图 11.151、图 11.152)

图 11.145　金溪澳塘村卫星图

图 11.146　金溪澳塘村周家大宅

图 11.147 金溪澳塘村门坊   图 11.148 金溪澳塘村牌坊门头题字

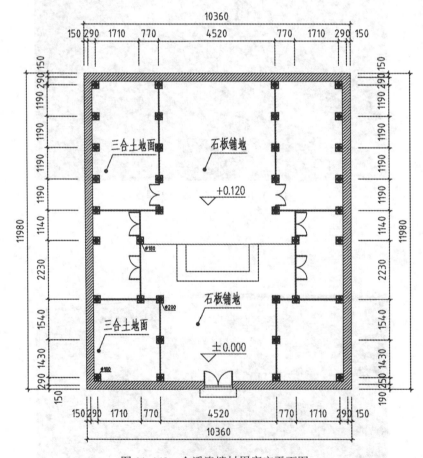

图 11.149 金溪澳塘村周家宅平面图

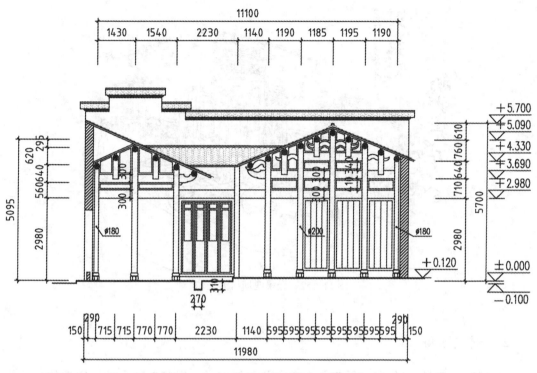

图 11.150 金溪澳塘村周家宅剖面图

图 11.151 金溪澳塘村周家大宅

图 11.152　金溪澳塘村大夫坊

2. 合市乌墩塘

乌墩塘是中国传统村落，是王、李两家共居的大村，保存着两大姓氏完整的村落格局、清晰的街巷和建筑组团以及王氏祠堂和李氏祠堂等重要建筑。（见图 11.153、图 11.154、图 11.155、图 11.156、图 11.157、图 11.158、图 11.159、图 11.160）

图 11.153　金溪乌墩塘村卫星图

图 11.154　金溪乌墩塘村王氏宗祠　　　　　　图 11.155　金溪乌墩塘村内巷道

图 11.156　金溪乌墩塘村李氏宗祠　　　　　　图 11.157　金溪乌墩塘村民居侧门

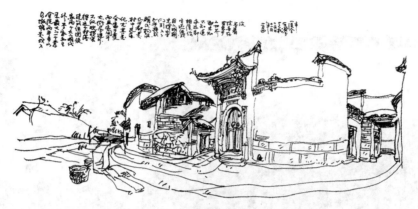

图 11.158 金溪乌墩塘村"大夫第"

图 11.159 金溪乌墩塘村王氏宗祠

图 11.160 金溪乌墩塘村内一景

(七)红色文化左坊后龚

后龚是中国传统村落,曾出过一名进士。土地革命时期,红军主力在此驻扎过,是红色革命村。保存着古树、池塘、祠堂的画面构图,还保存着龚氏祠堂和朱德故居等重要民居建筑。(见图11.161、图11.162、图11.163、图11.164、图11.165、图11.166)

图11.161 金溪后龚村卫星图

图11.162 金溪后龚村水塘

图 11.163　金溪后龚村祠堂院落

图 11.164　金溪后龚村龚氏宗祠匾额题字

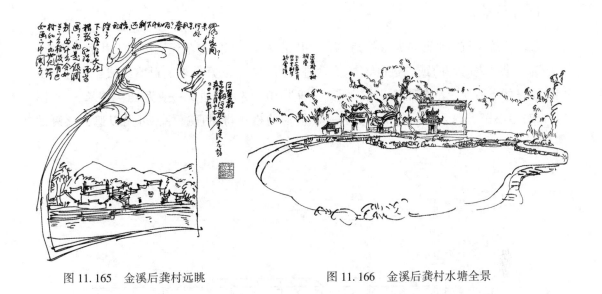

图 11.165　金溪后龚村远眺　　　　　　　图 11.166　金溪后龚村水塘全景

第三节　金溪古村落的建筑特点——灰白包裹金石美

在印象之中，田野那边一片片的村落和民居，就是一堵堵砖石围砌的墙。有朋友随我一起初次去参访，多不免感到失望。他们觉得这里的传统建筑好像没有什么特色，甚至怀疑它们是不是被改造过了(以为原本是徽派马头墙的轮廓，被整治之后去掉了)——这当然是不懂江西民居的表现，或者是对徽派建筑的特征先入为主了，这个现象很普遍也很好理解。

这里的建筑，基本上算是江西民居的代表，形象地说就是"方盒子"。第一，建筑轮廓，四四方方，立面和平面都缺少层次和花样。第二，它们的色彩和材质保持砖石本色，加上屋顶也被墙体封檐包裹，于是看过去都是一片颜色灰黄、轮廓平整、几无装饰的构筑，不似江南或徽州民居那样对比鲜明的"粉墙黛瓦"。第三，外表没有什么明显的装饰细节，比如一般没有翘起的墀头、绚丽的屋檐画，表面由平整的砖石包裹，像一个个不露声色的神秘的盒子，实在是一种非常有"特色"的建筑。

金溪古村落给人的初次印象，也许是平淡，但是它们的美恰恰在于持久，在于耐看。套句俗话，它们相当低调、奢华、有内涵，久望之，会产生一种耐人寻味的美感。换句话说，金溪传统建筑的立面非常符合现代建筑"方盒子、少装饰"的特征。

（一）平面布局

金溪传统建筑的平面是典型的南方小天井格局，三开间为单元，按照天井数量组合，一般为一纵一进（天井）或二进（天井）。一进者由门厅、正厅、左右卧室组成；二进者由门厅、正厅、后厅、左右卧室组成。面宽一般为 10~12 米，进深一般为 12~25 米。（见图 11.167）金溪民居的天井部分，大多有一个活动的格栅将屋顶遮住，可用以遮挡盛夏的烈日。

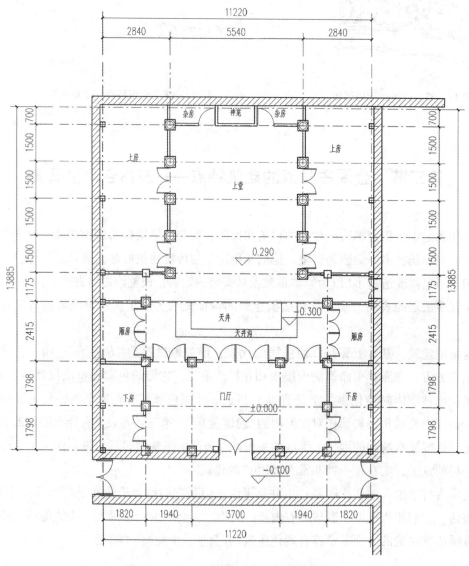

图 11.167　金溪游垫村大夫宅第平面图

(二) 立面造型

金溪传统建筑的正立面大致由屋顶、屋身、门窗三个部分构成。(见图 11.168)

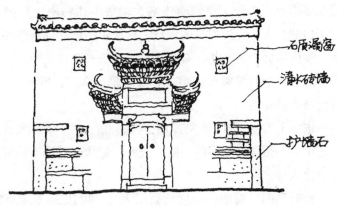

图 11.168　金溪民居立面示意图

1. 屋顶——砖墙遮顶，平直顿挫

屋顶部分不是金溪传统建筑的奢侈，因为大多数的建筑，无论正面还是侧面，屋顶基本上被墙体所遮掩，看不见坡屋面(屋面内坡向天井内排水，且被外墙封檐至脊包裹起来)，仅能在建筑顶端看到薄薄的一层瓦檐，形成一个大约 20 厘米的屋顶轮廓线。檐下再饰以一尺见宽的白檐，檐上少见彩画。

这样的隐去坡屋面的立面屋顶，我们可以称为"平屋顶"，侧面(山墙)也少有起伏和跌落，呈"一"字形。由于平面也是方形，这样看过去，屋顶基本是一圈平直的线条，整个建筑轮廓是方形的，屋顶内凹，就是所谓的"四方斛谷兜"。在金溪，这种平面与立面均为方形的传统建筑最为常见。

它的正面一般有两种样式，一种是屋顶线条平直，呈"一"字形；另一种是一些建筑在门所在位置上方的墙头骤然下降一段距离，从而形成了类似汉字"凹"的立面。"凹"字形的立面同样可以活跃立面形象，不至于使建筑形象显得单调。而且"凹"下去的地方正好是大门上的门罩，这样的做法无疑也是对大门的强调。

还有一种不太常见的门堂式建筑立面，不同于"四方斛谷兜"，它的正面没有封以墙体，把双坡的屋顶露出来，我们或可将之称为"坡屋顶"。檐下的屋身前面一排木柱与木梁，大门退后一进。两侧山墙或平齐屋面或高出屋面出墀头，形成两叠或者三叠的马头墙。

2. 屋身——砖石包裹，凹凸有致

这里的民居很大一部分山墙不做墀头，而是和正面封檐至脊的墙体连贯，形成了一个十分方正的轮廓。

屋身分为墙身和墙裙两个部分。建筑墙体绝大多数不加粉刷，直接露出清水砖石墙身，青灰色的砖，灰白的石头，经过岁月的淘洗，材质的颜色有棕黄色和青灰色之分。但其做工均十分精良，所砌墙面十分平整，有的还泛着古玉一般的光泽。

当地建筑一般有近1.4米高的条石墙裙，有的高超过2米，皆使用当地特有的石料，颜色多灰白，也有泛红或泛青的。

屋身正面有一个进深不大（一般三米左右）的跨院，由于风水和私密的原因，院子的入口往往不在立面的正中央，而是在立面的一侧，或者干脆从侧面进入。讲究一些的院门做成八字门形制用以突出入口。

由于防御功能，前院都围以院墙，高度均高出人身，可达3~6米不等。极少数前院仅设围栏。有的围墙高度平直，有的为了突出位于院墙之后主体建筑的入口，院墙的高度往往在中间一段下降，露出其后建筑的大门。这种院落的大门一般比较简单，门洞不出檐，只有少数做三滴水式样出檐的。屋身看上去比较封闭，但是错落有致。

门堂式建筑的正立面则比较开敞，露出柱子、墙板、隔扇。

由于平面轮廓方正，其屋身变化主要在于屋顶轮廓，只是根据屋顶轮廓的不同，该类建筑的正立面分为方形立面与"凹"字形立面两种形式。还有一种变化，建筑平面在正面入口处向内有凹进，形成了过渡性质的门斗，这在金溪也较为常见。它可以丰富立面，强调入口。一般呈外"八"字形凹进式。凹进的门斗和凸出的门罩，是影响立面层次的对应元素。

这些单独的立面组合在一起，因为屋顶轮廓有的平直，有的顿挫，门罩形式不同，因为有的大门凹进有的大门不凹进，会产生一些层次的有机错落、微妙的韵律和变化，也都是它们自身不经意的展现和表露，沉稳而内敛。这样的建筑艺术是值得细细品读的。

有些建筑组成村落的整体立面，给人留下十分深刻的印象。比如珊珂，那台地上隐藏起来的小巧精致；比如城湖，那环湖连续的缠绵叙事；比如耿桥，那临水听曲一般的动人节奏；比如褐源，那面向田野的宏大展开；比如游垫，那为一个人书写的辉煌构成；比如全坊，那池塘边倒映的向心秩序……

3. 门窗——各种门罩，石雕门窗

大门是立面的重要标志，大门可以分为有厦式（即大门上方挑出屋檐，又叫门罩）与无厦式两类，有厦式又分砖叠涩出檐和木架出檐两类，砖叠涩出檐主要有一滴水、三滴水两种（五滴水很少见），三滴水的屋檐分别位于门的两侧及正上方，多见于公祠等等级较高的建筑。这种形式演变到最极端，是将一座牌坊直接作为门使用，由于牌坊较高，因此中间部分的屋顶会稍稍高出两侧。在金溪，三滴水有厦式、石雕比较精美的大门，被人们笼统地称为牌坊门屋。木质门罩常见于中小型民居上，门罩从墙体中伸出落于石质垂柱头上，这是江西民居的特色之一。

无厦式大门，有的仅做石门框（或方或拱），有的门框上有门楣，稍讲究的会在门框雀替和门楣上做精美的石刻雕饰，有的门楣还以几颗门簪加以装饰。

窗户的面积非常小，却是看上去封闭沉闷的立面不可缺少的重要元素，这些窗户都采用方形石框，高不过80厘米，宽不过40厘米，但是它们均敷以精美的石雕。

无论有厦式还是无厦式大门，大门的门楣上一般有题字，除了"进士第""天官第""大夫第"这样科举功名内容之外，要么是标榜家族如"秀启南丰""云林钟秀"，要么就是标榜个人品德情操如"竹韵松涛""居仁由义""培兰植桂""芝兰起秀"等。

金溪传统建筑门窗上的石雕，有的是简单的吉祥图案，有的是复杂的动植物甚至人物雕刻——我所见大致有"福禄寿""六合同春""三阳开泰""喜上眉梢""福在眼前""国色天香""富贵平安""君子之交""一品清廉""事事如意""麒麟送子""太平景象""连年有余""鱼跃龙门""必定如意""必定平安""必定连升""暗八仙"等内容（统计远远不全），应有尽有。关于金溪门窗的石雕艺术，可以好好写一篇文章。然而在金溪古村落中，暴露在建筑外墙的石雕窗户，被盗情况非常严重，不仅失去了一件件珍贵的艺术品，而且还破坏了建筑立面的完整性，令人十分惋惜。

第四节　画意与审美

（一）风貌与内涵总结

金溪古村落群是临川文化的载体。它们保存数量多，分布密集，质量好，每个村都是独立的景观，都有个性的精彩和丰富的内涵，是平原岗地建村的儒家田园的绝版。金溪古村落的个性又是独特的，它的村堡型格局和金石外表规整梁架的建筑、儒雅的气韵以及人工营造的田园景观，真实地反映了当时的社会文化背景、经济技术水平和审美意识，还看出它们与新安文化的关联，使它们成为承载江右文化和临川文化的村落遗产精品。

金溪建筑外形轮廓方正端庄，平面规整紧凑，材料厚重考究，雕饰细节精巧，建筑因商而精，品质因儒而雅。正所谓"牌坊隐门壁，格棚遮天沟。砖石围木架，四方斛谷兜。"

金溪古村的内涵，为家族稳定延续和保持耕作——聚族而居和守田而居；为回乡积累和保护商业财富——门坊门墙包围的整体格局；为彰显人物和激励人才教育——科举和商业文化的相融呈现；为恪守理学思想和礼制秩序——方正内敛轮廓，梁架浑厚比例，质朴清水外墙，精良砖石材质，淡雅协调色彩。

(二) 水墨画特征要素

　　金溪古村落选址在平原岗地，山水不奇，规模不大，但人工营造了池塘竹林、田园环绕、村门村墙、古树背景等完整有序的景观。同时，建筑灰白，对比不鲜明，但质感细腻，色彩协调，足见金石品位。这里的古村落类型划一，构成完整，比例适中，富于细节，是水墨画之中中国乡村风貌细腻的表达。（见图 11.169、图 11.170、图 11.171、图 11.172、图 11.173、图 11.174）

图 11.169　远眺珊珂

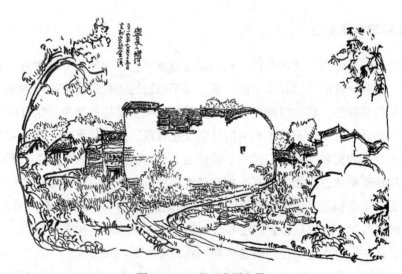

图 11.170　珊珂盛夏之景

图 11.171　远眺芳源村

图 11.172　远眺联乐村

图 11.173　远眺城上胡家村

图 11.174　远眺栎树下村

(三) 审美经历与体验

金溪古村落数量多，分布密集，新村旧村分开，旧村中掺杂的新建筑很少，景观扰动少。

我曾数十次走访在金溪的古村落之间，在荒凉中寻找它们保存的尊严。触摸青砖白石，指尖被精良的砌筑工艺和未经粉刷的表面所抚慰；品尝青辣椒炒红辣椒、清炖鸡鸭，舌尖被浓醇厚重又存本味的田园食蔬犒劳；耳廓被夜晚田野的蛙鸣和清晨院中的鸡啼愉悦……这些使我对金溪古村落的探访回报甚丰，我也因之而乐此不疲。

游走在金溪古村落之中，可以一日看尽中国明清的科举文化，一日看尽中国的官宦文化。可以探古堡、读门楣、赏石雕，如入古村落生态博物馆和儒家田园的画廊。

后　记

　　仿佛千呼万唤一般，《中国乡土建筑赏析》终于在今年暑期完稿，我也终于可以松一口气了。这本书是武汉大学通识教育同名课程的教材，它的内容是针对中国传统乡土建筑的赏析，是介绍围绕村落和乡土建筑之审美、欣赏的方法和经验。既包括专业范畴的理性认知和分析，又包括根据自己的思想感情、生活经验、艺术观点和艺术兴趣对乡土建筑的形象和品质进行的再提炼和提升。概括地说，中国乡土建筑赏析，是一种审美观照的活动，是发现和体验乡土建筑中美的元素和气质的过程，是领悟乡土建筑中审美价值的过程。

　　但是这本教材的完成，却离我最初开设这门课程已经过去十四年了。为什么拖延了这么久呢？首先是因为其内容一直不够全面，我最初的意图是结合个人的乡土建筑调研和审美体验做一个完整的全国范围的赏析和解读，然而时光荏苒，却并没有做到，因为要做涵盖全国范围的乡土建筑调研，困难太大。其次是源于我对这门课的要求和主旨，我对教材的想法向来不是对既有资料的"编写"，而是要把自己的亲身体会和感悟分享给大家，要求内容必须是亲历的。全国许多地方、许多类型既然我没有亲历，那我的讲义中也不会涉及，也就不能求全，更不会为了求全而照搬人家的概念、元素和案例。最后是因为我始终没有想好究竟这本教材要以什么样的面目出现，我深深知道这本教材的意义和价值，可是我又非常不希望它仅仅是一本风土旅游的介绍。因为涉及的内容庞杂，也比较感性，所以放在那里一拖就是十几年。写教材和课堂讲授还不是一回事，讲课的讲义可以随时添加和充实，我在每年的课堂讲授中从未感觉困顿。可是，写教材就不一样了，出版了就较难再修改。一来，对我来说搬弄概念向来很枯燥，二来还要涉及很多的盲点和许多观点的确定。写书的压力不小，可能也是因为自身的深度不够和惰性使然。

　　这期间很多朋友鼓励我早日成书，也有出版社向我约稿，可是面对具体的文字整理，我始终都没有下定决心，仅仅是在不断做一些补充案例的介绍和观感的工作，枝叶繁琐，总没有成型。

　　最后促成这件事还是学校要求出版与通识课程相关的教材，并给予了大力支持。这其实也是督促。为此，我曾经和出版社编辑谈了我的担心，毕竟书稿内容主要涉及的是南方的乡土建筑，叫"中国乡土建筑"会不会容易给人以偏概全的印象？出版社编辑说只要内容真实充实，仅包括南方这部分也是可以作为南方篇而独立成书的。这才解开了我心中的一个大疙瘩。所以，这本书仍然主要是介绍南方村落和南方乡土建筑的。以前我还游历过福建土楼、浙西古村等，最近两年，还专门去了湖南南部、湖北、广西北部以及广东等地的古村，收集的资料太多，尚无时间整理出来，未包含在书中，这也是本书的遗憾。但本书仍然是建立在对南方乡土文化尤其是长江文明的考察和感受基础之上的。

　　十四年来，我坚持这门课只安排一个学分，和我不打算渲染这本书的分量是同一个道理。内容倒是没有一点马虎，只希望它有足够的含金量，希望它实在。

　　很多事情，机缘巧合，由于以前我没有下决心整理书稿，也就没有让我的学生们参与这件事。而这次，我工作室的博士和硕士被我邀请参加进来，共同来承担这件事，她们不仅提供了非常有益的帮助，而且还因此对许多内容和观点有了共识，这是双份的收获。感谢胡弦博士研究生、魏子君硕士研究生、徐博宇硕士研究生的帮助。